# GUIDE

## DU JEUNE AMATEUR

DE

# COLÉOPTÈRES ET DE LÉPIDOPTÈRES

INDIQUANT

Les Ustensiles nécessaires à la chasse

de ces Insectes,

Les lieux et époques les plus favorables à cette chasse.

SUIVI DE

La manière de les préparer et de les conserver.

PRIX : 2 FR. 50 C.

Paris,

CHEZ DEYROLLE, MARCHAND NATURALISTE,

RUE DE LA MONNAIE, 19.

1847.

S

# GUIDE

## DU JEUNE AMATEUR

### DE

# COLÉOPTÈRES ET DE LÉPIDOPTÈRES.

PARIS. — TYPOGRAPHIE ET LITH. FÉLIX MALTESTE ET Cᵉ,
Rue des Deux-Portes-Saint-Sauveur, 18.

# GUIDE

## DU JEUNE AMATEUR

### DE

# COLÉOPTÈRES ET DE LÉPIDOPTÈRES

### INDIQUANT

**Les Ustensiles nécessaires à la chasse
de ces insectes,**

**Les lieux et époques les plus favorables à cette chasse.**

### SUIVI DE

*La manière de les préparer et de les conserver.*

Paris,

**CHEZ DEYROLLE, MARCHAND NATURALISTE,**

RUE DE LA MONNAIE, 19.

——

1847.

# INTRODUCTION.

Ma position me mettant fréquemment en rap-
port avec les jeunes amateurs d'insectes, et me
donnant souvent l'occasion de répondre aux ques-
tions qu'ils m'adressent sur les meilleurs moyens
à employer pour faire des chasses fructueuses et
se procurer les espèces rares ou qui n'apparais-
sent qu'à des époques déterminées, j'ai pensé
qu'un traité à l'usage des débutans en Entomologie résolvant, pour ainsi dire, d'avance les ques-
tions qui peuvent les embarrasser, leur indiquant
les ustensiles les plus nécessaires à la chasse
des insectes, les lieux et les époques les plus

1

favorables à cette chasse et les mettant sur la voie pour découvrir un grand nombre d'espèces de Lépidoptères et de Coléoptères que sans cela ils ne parviendraient à atteindre qu'après plusieurs années de recherches, pourrait leur être de quelque utilité.

Pour donner à ce traité le développement nécessaire, il fallait des connaissances spéciales que je suis loin de posséder, j'ai eu recours à mes deux estimables collègues et amis MM. A. Pierret et L. Fairmaire, lesquels ont bien voulu m'aider de leur concours, en me communiquant une foule de renseignemens qui ont considérablement simplifié mon travail; grâce à ces puissans auxiliaires il s'est en quelque sorte trouvé tout fait. Ils m'ont mis en mesure d'y consigner ce que l'expérience leur a appris sur la manière de préparer et de conserver les insectes. Je m'estime heureux de pouvoir en faire profiter ceux qui prendront la peine de le lire.

La première partie, relative aux Coléoptères,

a été rédigée entièrement sur des notes très détaillées de M. L. Fairmaire ; la deuxième, qui a les Lépidoptères pour objet, a été calquée sur d'autres, non moins détaillées, de M. A. Pierret ; elle est la plus étendue en ce qu'elle traite de la chasse de ces insectes sous leurs trois états de chenille, de chrysalide et de papillon. Je les remercie bien sincèrement pour l'empressement avec lequel ils ont daigné accueillir ma demande, il témoigne de leur zèle à encourager les adeptes d'une science qu'ils cultivent avec la plus grande ardeur.

Si ce petit traité obtient quelque succès auprès des jeunes amateurs, j'espère leur offrir bientôt un catalogue des Coléoptères d'Europe, auquel je travaille en ce moment. Quoique puissamment aidé encore par quelques collègues et amis obligeans, je n'ai pas la prétention d'arriver à la perfection ; mon seul but est d'être utile aux jeunes coléoptéristes, l'atteindre est ma seule ambition.

A. DEYROLLE.

# GUIDE

## DU JEUNE AMATEUR

DE

## COLÉOPTÈRES ET DE LÉPIDOPTÈRES.

## PREMIÈRE PARTIE. — COLÉOPTÈRES.

### USTENSILES.

Le plus important de tous est *le filet*. Le choix n'en est pas indifférent, car de sa construction dépend le succès de la chasse. Aussi allons-nous le décrire en détail. Le filet se compose d'un sac en toile attaché à un cercle en fer supporté par un manche. Le manche, de la grosseur d'un pouce, a un mètre ou 1$^m$,20 de longueur : à une des extrémités se trouve une douille en fer de 6 centimètres de longueur, percée vers le haut d'un trou où joue une vis de pression pour retenir le cercle. Celui-ci a 3 décimètres de diamètre : il est formé d'une lame de fer plat sur champ, de 8 millimètres de large sur 3 d'épaisseur. Cette lame est percée de distance en

1.

distance pour qu'on puisse y adapter le sac ; et afin
que le fil qui retiendra le sac ne s'use pas trop vite,
il faut avoir soin de pratiquer, dans toute la circonférence du cercle, une gorge où seront percés les
trous par lesquels passera le fil : de cette manière
ce fil ne fera pas saillie et ne s'usera pas aussi vite.
Il faut préférer le cercle en fer plat au cercle en fer
rond qui se déforme plus facilement et sur lequel il
serait difficile de percer des trous ; en outre, le fer
étant plat et sur champ râcle plus fortement les
plantes sur lesquelles on le promène. Ce cercle se
fixe à la douille du manche au moyen d'un morceau
de fer plat, de 3 ou 4 centimètres de longueur sur
6 ou 7 millimètres d'épaisseur, soudé au cercle : on
introduit ce morceau de fer dans la douille et on le
fixe au moyen de la vis de pression. Pour que le
filet soit plus commode à porter, il est bon que le
cercle puisse se fermer en deux ; pour cela il faut
une charnière de chaque côté, au milieu, arrangée
de manière à ce que le cercle ne ferme que d'un
côté, car sans cela il se refermerait continuellement
lorsqu'on s'en servirait. La chape ou sac qui s'adap-
tera à ce cercle sera en toile solide pour ne pas se
déchirer trop facilement aux épines : elle aura 6 ou
7 décimètres de longueur. On fixera ce sac en toile
au cercle par le moyen des petits trous percés dans
ce dernier, afin que ce soit le fer et non la toile qui

frappe contre les branches et les épines : sans cette précaution il faudrait renouveler trop souvent les bords de la chape.

L'autre extrémité du manche sera munie d'une pointe de fer qui sert à ficher le filet en terre pendant que l'on visite l'intérieur de la poche. On peut ajuster aussi à la douille, en place du filet, soit une sorte de houlette, pour creuser la terre, pour travailler les bois vermoulus quand l'écorçoir est trop court, soit une petite fourche qui sert à retourner les pierres, etc.

Pour chasser au filet, on le promène horizontalement avec son ouverture perpendiculaire, d'une manière assez vigoureuse pour que les insectes se détachent des plantes et tombent dans le sac, mais non pour les envoyer tomber au loin : c'est ce qu'on appelle *faucher*, parce que le mouvement que l'on imprime au filet ressemble beaucoup à celui d'un faucheur dans un pré. Pour examiner ce qui est au fond du sac, il ne faut pas attendre qu'il soit trop rempli, parce que les insectes entassés peuvent s'endommager : on renverse le sac sur une nappe pour chercher à son aise et d'une manière plus utile que si on se bornait à regarder dans le sac.

Ce filet peut aussi servir à pêcher les insectes aquatiques ; mais il vaut mieux avoir un filet particulier pour cette chasse, lui donner un plus grand diamètre et remplacer la toile par un canevas assez lâche pour que l'eau s'écoule facilement, mais en même temps assez serré pour que les petits insectes y restent pris.

Plusieurs Entomologistes du midi, et notamment de Lyon, emploient, en place du filet, un parapluie de couleur claire, dans l'intérieur duquel ils secouent les branches d'arbres et battent les haies ; mais c'est un tout autre système que le filet et l'on n'arrive pas au même résultat, puisque le filet sert principalement à visiter les herbes et plantes basses sur lesquelles le parapluie n'a aucune prise.

La *nappe* est aussi fort utile et remplace avantageusement le parapluie ; mais pour s'en servir commodément il faut être trois personnes, deux pour tenir les extrémités du drap, et une autre qui secoue les branches d'arbres et les haies. On a imaginé un système assez commode pour employer la nappe quand on est seul, mais il est un peu embarrassant à porter : c'est un manche en bois portant à son extrémité un bâton transversal terminé à chaque bout par un bâton oblique, après lesquels est fixée la nappe un peu lâche afin qu'elle puisse encadrer les branches ou troncs contre lesquels on l'applique. La nappe sert aussi à étendre des feuilles, des fourmis, des détritus. Ses dimensions n'ont rien de fixe : plus elle sera grande, plus elle sera utile ; c'est du reste un ustensile indispensable parce qu'il vient continuellement au secours des autres.

Pour visiter les feuilles sèches, il faut un *filet à larges mailles* d'environ un centimètre carré : ce filet est cylindrique, dans la forme des tambours à prendre le poisson, d'un mètre de long afin qu'on puisse le saisir solidement aux deux bouts pour le secouer ; il est fermé à l'une de ses extrémités et ouvert à l'autre par laquelle on introduit les feuilles ; il est soutenu au milieu par deux cercles de baleine, espacés de 2 ou 3 décimètres, ayant 25 centimètres de diamètre. On peut se servir pour les mailles, au lieu de ficelle, du fil de Bretagne, qui est suffisamment solide. Ce filet est très commode et très portatif puisqu'il n'a d'autre épaisseur que celle des baleines et du fil ; il peut souvent remplacer le crible en ne donnant aux mailles qu'un très petit diamètre.

Pour appliquer contre les arbres dont on râpe avec un couteau le dessus des écorces, les mousses, les lichens, on se sert d'un *filet en toile* dans la coulisse duquel on introduit une forte baleine qui ne fait que la moitié de la circonférence du filet, de sorte que l'ouverture a la forme d'un cercle coupé en deux dont la baleine fait l'arc et la partie libre du sac la corde ; c'est cette dernière partie, tendue par les extrémités de la baleine, que l'on applique contre l'arbre dont elle embrasse facilement les contours, malgré sa tension. Pour se dispenser de prendre à chaque instant les insectes mêlés aux débris tombés dans le sac, ce qui serait peu commode, il faut que le sac ait au milieu de sa longueur une coulisse avec un cordon que l'on ouvre pour faire tomber au fond les râclures des arbres, et que l'on referme aussitôt pour empêcher les insectes de s'envoler.

Un *tamis* est aussi chose fort utile, surtout pour les fourmilières : ses dimensions, sa construction, sa forme, varient d'après le goût de chacun. Les uns le veulent rond, d'autres carré; les uns emploient du parchemin, les autres de la toile métallique; il faut seulement faire attention à ce que les ouvertures soient assez grandes pour que les insectes qu'on recherche ne soient pas arrêtés au passage, et assez étroites pour que les fourmis et les débris végétaux ne passent pas trop facilement. Ce tamis doit en outre être pourvu d'un couvercle pour que les fourmis ne vous inondent pas pendant l'opération.

Pour faire des recherches dans le bois, sous les écorces, il faut un *écorçoir*, c'est un morceau de fer avec un manche de bois solide; l'extrémité du fer est triangulaire, en forme de fer de lance, avec les bords tranchants, pas tout à fait droite, mais légèrement recourbée ; une longueur de 25 centimètres est suffisante, y compris le manche.

Pour mettre les petits insectes qu'on recueille pendant la chasse, il faut avoir des *tubes en verre* un peu épais, de 4 centimètres de long ; une plus grande longueur les exposerait à se casser, tandis qu'on peut mettre plusieurs de ces petits tubes dans la poche sans courir aucun risque, si l'on a fait attention à ce que l'extrémité arrondie n'ait pas été trop amincie dans le soufflage. Ces tubes sont fort commodes pour mettre à part les insectes rares ou fragiles qu'on ne veut pas mêler avec les autres, et surtout les accouplemens qui sont souvent fort intéressans à connaître. Quant aux gros insectes, on peut jeter ceux qui sont noirs, et notamment les Carabiques, dans un *flacon d'esprit-de-vin très fort,* à 32° si c'est possible ; on met les autres dans un *flacon à large goulot,* qu'on remplit en partie avec des tortillons de papier afin que les insectes ne s'amoncellent pas les uns sur les autres ; il faut du papier non collé pour qu'il puisse absorber l'humidité qui se concentre dans le flacon. On asphyxie les insectes, pour qu'ils ne s'endommagent pas en se battant, au moyen de quelques gouttes d'*éther,* qu'on jette sur le bouchon des flacons. On est souvent obligé de réitérer cette opération à cause de la volatilité de l'éther qui s'évapore chaque fois qu'on ouvre les flacons. Il faut faire attention à ne pas en jeter trop à la fois, parce que l'humidité s'attache aux insectes et leur fait perdre leur duvet et leur fraîcheur. On emploie aussi pour le même usage des *boîtes de fer-blanc* de différentes formes, qui ont l'avantage de ne pouvoir se casser. Quelques personnes se servent pour les Carabiques de petits cornets en papier un peu fort ; on y met l'insecte la tête la première, de manière à ce qu'il ne puisse bouger : cette méthode est assez utile pour les Cicindèles, qui sont sujettes à tourner au gras dans l'esprit-de-vin, et que leur naturel carnassier rend dangereuses au milieu d'un flacon rempli de Coléoptères moins turbulens.

Il faut aussi emporter en chasse des *pinces à pointes fines* pour saisir de petits insectes dans des trous où l'on ne pourrait les prendre avec les doigts.

## CHASSE.

Ce chapitre si simple en apparence, est pourtant le plus compliqué et le plus embarrassant : s'il est vrai de dire, comme on peut le voir dans les ouvrages qui ont effleuré cette matière, s'il est vrai de dire qu'on trouve les insectes partout, sur les routes, sur les fleurs, dans les champs, dans les bois, il est aussi très vrai qu'avec une indication aussi spéciale on arrive seulement à ramasser les malheureux Coléoptères qui veulent bien se laisser prendre ; il faut donc aller au-devant d'eux et les relancer jusque dans leurs demeures les plus cachées.

Nous commençons par recommander aux jeunes amateurs de prendre tout ce qu'ils rencontreront, car ce n'est jamais au premier coup d'œil que l'on est sûr de l'identité de l'espèce qu'on rencontre. Du reste aucun Coléoptère n'est dangereux : quelques Carabes, quelques Cicindèles, les Lucanes ou Cerfs-Volans, mordent assez fortement, mais c'est une morsure simple dont la douleur se dissipe très rapidement. On prend les insectes un peu gros avec les doigts ; mais pour les petits il est bon de se servir d'une *pince légère*, et pour ceux de la grosseur d'une tête d'épingle il suffit d'humecter le bout du doigt que l'on pose légèrement sur l'insecte.

On peut chasser presque toute l'année, car si l'hiver est une saison peu favorable, il n'y a que les momens de grand froid où une chasse pourrait être infructueuse. Dès le mois de février, quand le temps s'adoucit, les insectes qui sont restés enfouis dans leurs retraites commencent à en sortir ; à ce moment il faut chercher sous les mousses, sous les pierres, et surtout le long des rivières lorsque, après une inondation, les eaux commencent à se retirer ; celles-ci en pénétrant dans les prés ont forcé une foule d'insectes à sortir de terre, ils sont entraînés par le fleuve

2

et le courant les dépose aux endroits où il se ralen-
tit, mêlés avec des détritus végétaux que l'on voit
souvent dans ces occasions amoncelés sur les rives.
Ces recherches sont toujours fructueuses, et l'on
prend de cette manière et en quantité des espèces
que l'on ne rencontre jamais autrement. Ce sont
surtout les Carabiques et les Staphylins qui abondent
sous ces détritus ; on y rencontre aussi quelques
Psélaphiens. Le *Polistichus fasciolatus* ne se trouve
jamais que dans les inondations, soit à Paris, Orléans, soit à Turin.

A la même époque il faut chercher dans les
prés, au pied des arbres, certaines espèces, comme
les *Chlœnius sulcicollis, holosericeus,* qui ne se montrent qu'au commencement de l'année ; les *Dromius*
et les *Lebia* qui vivent sous les écorces d'arbres sont
dans le même cas.

Souvent en mars, avril, les étangs baissent de
niveau, et laissent en se retirant des feuilles et détritus sous lesquels on trouve quelquefois, mais rarement, l'*Odacantha melanura* ; on le prend aussi en
secouant sur la nappe les roseaux desséchés qui se
rencontrent sur le bord des étangs, pourvu qu'il
conservent un peu d'humidité. Lorsque le temps est
chaud, ces insectes sont plus nombreux. Pendant
l'été, on le rencontre dans les marais ombragés,
dans les pétioles engainans des roseaux ; il se tient

à la partie inférieure, qui est plus humide que le reste de la plante.

Le *Masoreus luxatus*, espèce très rare, se trouve à la même époque sous les pierres.

Dans ces mêmes mois, si l'on rencontre dans les bois des fagots qui y ont passé l'hiver, il ne faut pas négliger de les battre ; plus ces fagots seront anciens mieux il vaudront.

On peut aussi commencer de bonne heure à chercher sous les pierres, surtout dans les endroits secs, car pour les endroits humides une saison plus chaude est préférable. Il ne faut pas que les pierres soient trop resserrées dans l'endroit où l'on fait des recherches, car alors les insectes trouvant un trop grand nombre de refuges s'éparpillent, et rendent les recherches moins fructueuses. Il ne faut pas non plus s'attaquer à d'énormes pierres qui, par leur propre poids, sont enfoncées dans la terre sans laisser d'intervalles où puissent se réfugier les insectes. Dans les montagnes, les pierres qui sont au bord des torrens cachent beaucoup d'insectes, mais il faut choisir celles qui se trouvent dans des endroits où le courant est un peu arrêté par l'aplanissement du terrain, et où les bords sont un peu sablonneux et en pente douce ; c'est là qu'on rencontre, et souvent en grand nombre, plusieurs espèces de *Nebria*.

Le long des rivières, lorsque les rives sont sablonneuses et bien exposées au soleil, il faut piétiner sur le sable et y jeter de l'eau pour faire sortir les *Heterocerus, Omophron, Bledius,* ordinairement enfoncés à quelques centimètres. Les *Bledius* se trouvent aussi dans les endroits secs, mais sablonneux ; on reconnaît leur présence à de petites places circulaires où le sable paraît plus fin et forme une petite élévation.

Aux bords sablonneux de la mer, il ne faut pas négliger de retourner les pierres, les bois, etc., sous lesquels se cachent des *Pogonus, Scarites, Nebria ;* sous les algues à moitié desséchées on trouve des insectes souvent très rares ; il faut retourner ces algues, chercher dans le sable un peu humide qu'elles recouvraient et le creuser à quelques centimètres, parce que plusieurs insectes s'y enfoncent, les *Heterocerus, Phaleria, Trachyscelis, Saprinus ;* ensuite on étend les algues sur une nappe et on les secoue de manière à faire tomber les insectes qu'elles pourraient renfermer.

C'est aussi sur les plages sablonneuses de la mer que l'on voit courir par bandes nombreuses des Cicindèles de plusieurs espèces ; quand le soleil est chaud, il est très difficile de les prendre, même avec le filet, à cause de leur rapidité à la course et de leur facilité à s'envoler. Aux environs de Paris, à

Fontainebleau et à Montmorency, on trouve dans les allées sablonneuses la *Cicindela sylvatica*, espèce qu'on ne prend que très rarement dans le reste de la France; la *Cicindela germanica* ne se rencontre au contraire que dans les champs, après la moisson.

Les sablonnières sont parfois des localités fructueuses, mais il faut pour cela qu'elles ne soient pas anciennes et que leurs bords soient à pic; les insectes nocturnes, ceux qui sortent des parois, tombent au fond, et il arrive quelquefois qu'on trouve dans ces fosses des insectes rares et en grand nombre, si quelque Carabe ne tombe pas au milieu.

Il faut visiter aussi les ornières pleines d'eau : on y prend des Altises, notamment la *Balanomorpha rustica*.

On rencontre dans l'est de la France et sur les côtes de l'Océan et de la Méditerranée, des lacs salés dont les productions entomologiques sont spéciales, soit qu'on cherche sur les plantes qui croissent au bord, soit qu'on explore l'eau salée elle-même et les rivages qui l'avoisinent; on y rencontre des *Heterocerus, Pogonus, Hydroporus, Anthicus*, qu'on ne trouve pas dans d'autres localités. Lorsque ces marais sont à moitié desséchés par la chaleur, il faut soulever les croûtes épaisses de limon : on y trouve des Carabiques souvent assez rares.

Dès le mois d'avril, on peut commencer à se ser-

2.

vir du filet, quoique la végétation ne soit pas toujours fort avancée; mais les premiers rayons d'un
soleil un peu chaud font sortir une multitude de
petits Coléoptères qui s'envolent et se posent sur
les tiges d'herbes souvent encore flétries, ou sur
les buissons à moitié feuillés. C'est surtout aux mois
de mai et juin, lorsque les prairies sont en fleurs,
que le filet est utile pour ramasser une quantité de
Chrysomélines et de petits Charançons. Il ne faut
pourtant pas se borner aux prairies : les lisières
de forêts, les clairières, les haies doivent être soigneusement explorées; il en est de même pour les
roseaux, les joncs, sur lesquels on trouve les Donacies. Le G. *Hæmonia*, qui a beaucoup d'affinité
avec les Donacies, vit dans l'eau, accroché par ses
tarses aux plantes submergées; cependant il en sort
quelquefois.

Le soir, au crépuscule, la chasse au filet produit
de bons résultats; il faut le promener à quelques
centimètres de terre dans les endroits où l'herbe
est courte; quand elle est haute, on effleure le sommet des tiges. On trouve ainsi plusieurs insectes
qui ne sortent qu'au crépuscule et qu'on chercherait vainement le jour; mais une condition essen-
tielle de cette chasse est qu'il n'y ait point de rosée;
s'il y a de la rosée, on n'arrive qu'à faire une bouil-
lie du peu d'insectes qui tomberaient dans le filet.

On peut chasser les Hydrocanthares toute l'année ; l'automne est la saison où ils sont le plus abondans ; néanmoins quelques-uns ne se montrent qu'au premier printemps.

Les arbres morts, ceux qui ont des plaies, les monceaux de bois, sont autant de localités précieuses pour le Coléoptériste : c'est là seulement qu'il pourra trouver des Xylophages, dont plusieurs sont fort rares. Quand le soleil frappe sur les tas de bois, on voit sortir des Longicornes, des *Enoplium*, des Buprestides ; les Priones, quelques Charançons, ne sortent que le soir. C'est ainsi qu'à Paris on a pris une seule fois en abondance une espèce qui ne s'est pas rencontrée depuis, le *Gasterocercus depressicornis*, et qu'à Fontainebleau on prend quelquefois l'*Ægosoma scabricorne* sur les troncs de hêtres coupés. Sous les écorces à moitié soulevées, sous celles des pins, des sapins, on trouve des insectes auxquels la forme déprimée du corps facilite la locomotion dans ces espaces rétrécis, comme les *Platysoma*, *Plegaderus*, *Nemosoma*, *Colydium*, etc. Quand on rencontre un tronc d'arbre dont l'intérieur à moitié décomposé est habité par des fourmis, on peut espérer d'y rencontrer des Psélaphiens très rares. Les *Batrisus* se trouvent au pied des gros arbres de haute futaie, sous la mousse qui sert d'habitation à quelques fourmis.

Nous voici amenés à parler de la chasse dans les fourmilières, chasse qui est connue depuis peu d'années et qui a fait connaître un assez grand nombre d'espèces inconnues jusqu'alors ; maintenant encore il arrive assez souvent d'y rencontrer des espèces nouvelles. M. Mærkel, célèbre Entomologiste d'Allemagne, a donné dans le *Zeitschrift* de M. Germar, 5ᵉ volume, un catalogue des insectes Myrmécophiles, qui se monte à 274 espèces : les Brachélytres seuls y sont compris pour 163, les Histérides pour 16, les Xylophages pour 17, et les Psélaphiens pour 22. Le moment le plus favorable pour explorer les fourmilières est le printemps et l'automne : en été les fourmis sont trop actives et ne se laissent pas impunément bouleverser ; d'ailleurs, à cette époque leurs habitans parasites sont moins nombreux, ou se répandent aux environs ; en hiver on y rencontre aussi très peu d'insectes. Il faut aller aux fourmilières le matin ou le soir, lorsque la fraicheur engourdit ces Hyménoptères ; on en jette quelques poignées dans un crible qu'on secoue sur la nappe : de cette manière on découvre facilement les hôtes des fourmis, qui, à cause de leur petitesse, seraient à peine visibles. Ceci ne s'applique qu'aux hôtes internes ; car autour des fourmilières, et souvent dans un rayon assez large, les *Myrmedonia* se cachent sous les feuilles sèches : ces Staphylins ne se ren-

contrent jamais qu'avec les fourmilières, quelquefois dedans, mais le plus souvent aux environs; il
faut ramasser les feuilles sèches, les secouer dans le
crible ou seulement les étendre sur la nappe, où l'on
voit les *Myrmedonia* courir en relevant les derniers
anneaux de leur abdomen. Ce sont principalement
les grosses fourmis noires et rousses (*Formica fuliginosa, fusca, rufa*) qui sont assaillies par ces hôtes
de diverses espèces. La *Formica fuliginosa* fait son
nid le plus souvent aux pieds des vieux arbres à
moitié morts, dans les vieilles souches à fleur de
terre, et c'est dans ces sortes de fourmilières qu'on
fait les trouvailles les plus riches et les plus nombreuses; la *Formica rufa* élève ces tas de débris en
forme de dôme que l'on remarque dans les bois ordinairement sur les lisières ou au bord des chemins;
c'est aux environs de ces fourmilières qu'on rencontre en quantité la *Myrmedonia humeralis*. Néanmoins les petites espèces de fourmis ne sont pas à
l'abri de ces parasites : ainsi l'on rencontre *Lomechusa paradoxa* avec *Myrmica rubra* et *bipunctata;*
*Lomechusa strumosa* et *emarginata* avec *Formica
cunicularia;* la *Myrmica cespitum*, qui fait son nid
au pied des touffes d'herbe, nourrit aussi quelques
Myrmécophiles. Quand on lève les pierres qui recouvrent les galeries de ces petites fourmis, on trouve
quelquefois attachés à la face inférieure l'*Hœterius*

*quadratus*, petit Histéride assez rare, et le *Claviger foveolatus;* il faut pour cela que la surface de la pierre soit un peu poreuse et présente des anfractuosités où les insectes se cachent. Quelques petites fourmis percent aussi leurs galeries dans des branches mortes qui se trouvent à terre : il faut casser ces branches et les secouer sur la nappe.

Au premier printemps et à l'automne, les feuilles sèches au pied des arbres, dans les fossés, les mares desséchées, au bord des étangs, donnent des récoltes assez abondantes ; le filet à mailles, dont nous avons donné précédemment la description, est fort utile pour cet objet.

Malgré le peu d'attraits de semblables recherches, il ne faut pas négliger les bouses et autres matières excrémentielles et putréfiées, les charognes, etc.; quand ces matières sont sèches, il faut les secouer sur la nappe : c'est le seul moyen de ne pas perdre les petites espèces. La terre et surtout le sable que recouvrent ces matières doivent être creusés à plusieurs pouces. Quand on est à demeure à la campagne, il est bon de déposer de petits cadavres que l'on va retourner, comme des rats, des taupes, des chats. Que les amateurs n'oublient pas surtout, lorsqu'ils rencontrent une pierre ou un cadavre sous lesquels ils ont fait quelques recherches, de les remettre en place, afin que ceux qui viendront après ne trouvent pas une bonne localité détruite : c'est un exemple à donner et qui n'est malheureusement pas toujours suivi.

Les fumiers, les couches à melons, la tannée, les résidus qui se trouvent sur le sol des bergeries et des étables, doivent être explorés avec soin ; le tamis est le moyen le plus commode d'extraire les petits Staphylins et quelques autres Coléoptères propres à ces localités ; il faut même gratter ou brosser les murailles des étables et des écuries pour ramasser les *Latridius*.

Les champignons nourrissent un certain nombre d'insectes qui leur sont propres, principalement des Brachélytres; il sont ordinairement renfermés dans l'intérieur du champignon, mais quelques-uns restent à l'extérieur, dans les feuillets, et tombent au premier attouchement. Il faut donc renverser rapidement les champignons sur la nappe pour ne rien perdre : c'est ainsi qu'on trouve des *Homalota*, *Boletobius*, *Tachyporus*, *Triplax*, *Scaphidium*, quoique ces derniers genres se rencontrent aussi sous les écorces d'arbres en décomposition, mais il faut qu'il y ait quelque bolet sous l'écorce.

Les *Lycoperdina* ne se rencontrent qu'en automne dans l'intérieur des *Lycoperdon bovista*, vulgairement appelés vesce de loup, avec le *Pocadius ferrugineus ;* ces insectes sont tellement recouverts par la poussière brune du champignon qu'on ne les trouve qu'en palpant cette poussière. Le *Philonthus cyanipennis* habite les gros agarics un peu décomposés ; le meilleur moyen de le prendre est de déposer à terre ces agarics; en revenant le lendemain on est presque sûr de rencontrer le Staphylin.

On trouve quelquefois sur les arbres et sur les vieilles poutres des bolets et des champignons ligneux ; il faut les détacher et les mettre dans un bocal : on en voit sortir de temps en temps des *Cis, Cryptophagus,* etc.

Un petit nombre d'insectes habitent les caves et les celliers obscurs, les uns sous les poutres et les morceaux de bois, les pierres, les autres attachés aux douves mêmes des tonneaux, comme le genre *Pithophilus,* de Heer. Les *Langelandia, Anommatus,* sont privés d'yeux et vivent sous les poutres dont la partie inférieure un peu moisie touche la terre ; d'autres insectes anophtalmes habitent les grottes de la Carniole et se retrouveront probablement en France dans des endroits analogues.

Les nids de chenilles processionnaires, ceux de bourdons, de frêlons, de guêpes, sont autant de localités qui ont leurs hôtes particuliers, difficiles à prendre à cause de leur entourage ; cependant ils en sortent quelquefois le soir et on peut les saisir à leur passage.

Une espèce d'Hyménoptère, le *Cerceris bupresticida*, ainsi nommé par M. L. Dufour à cause de ses mœurs, creuse son nid à plusieurs pieds sous terre et y enfouit une quantité de Buprestes pour servir de nourriture à ses larves; lorsqu'on peut tomber sur un nid de cet insecte, on est sûr d'y rencontrer les espèces les plus rares, en nombre, et dans un état surprenant de conservation.

Lorsque les ouragans cassent des branches d'arbres, il est bon de les examiner et d'emporter les fragmens de bois mort où l'on remarque des perforations; on met ces fragmens dans une boîte ou dans un bocal, et de temps à autre il en sort quelque insecte, soit xylophage, soit parasite, tels que *Anobium*, *Ptinus*, *Tillus*, *Hedobia*. Les branches, ou plutôt les tiges sèches de lierre renferment l'*Ochina hederæ*.

Les *Elmis* et les *Macronychus* se trouvent dans les eaux courantes, attachés par les crochets de leurs tarses aux inégalités des pierres qui tapissent le fond des cours d'eau. Quelques *Elmis* se rencontrent aussi dans les eaux stagnantes; mais cela est rare. Le genre *Potamophilus* se trouve dans les rivières, accroché dans les rugosités de l'écorce

3

des arbres, à fleur d'eau; on le prend quelquefois à l'île de Chatou.

Nous n'avons que peu de chose à dire quant à la chasse sur les fleurs, parce que cela dépend des yeux; les ombellifères, les fleurs d'oignons, les composées sont ordinairement les plus couvertes d'insectes, soit à cause de leur odeur pénétrante, soit à cause de leur conformation. N'oublions pas cependant de recommander de secouer au premier printemps les arbres en fleurs, surtout les saules, les ormes, les aubépines; certains insectes ne paraissent qu'à cette époque et sur ces fleurs.

Il est encore une localité trop négligée : ce sont les murs, les parapets des ponts, des quais exposés au soleil, surtout au bord d'un bois ou dans le voisinage des chantiers. Les chantiers eux-mêmes sont très intéressans pour le Coléoptériste qui peut les explorer avec facilité.

## PRÉPARATION.

Les insectes ainsi recueillis de diverses manières dans des flacons ou dans des tubes, ne peuvent y rester longtemps renfermés, même avec un peu d'éther, excepté les très petits, et encore faut-il que le flacon qui les renferme soit bien sec. Le premier soin en revenant de la chasse est de tuer les insectes recueillis. Il ne faut pas se tromper à l'état d'asphyxie où l'éther les a plongés : quelques-uns y succombent, mais c'est le petit nombre, et, pour être sûr qu'ils ne reviendront pas à la vie, il faut les tuer par le feu. On les met dans une petite boîte de carton qu'on expose à la flamme d'une bougie ou d'une lampe, en ayant soin de ne pas chauffer plus que la main ne pourrait le supporter et d'y revenir autant de fois qu'il sera nécessaire ; car si l'on brusque la chaleur, on brûle les insectes, les couleurs se détériorent et les membres deviennent très fragiles. Quant aux insectes jetés dans l'alcool pendant la chasse, il faut les en retirer et les laver avec de l'alcool plus fort ; sans cette précaution, une fois piqués, ils tournent facilement au gras, se couvrent quelquefois d'*acarus* et ont fort mauvaise tournure dans une collection. Si l'on ne peut arranger de suite le produit de sa chasse, il faut mettre les insectes dans une boîte et les laisser sécher en attendant l'occasion de les préparer. En voyage, il est commode de renfermer les insectes de petite et moyenne taille dans des boîtes en carton avec de la sciure de bois pour empêcher le ballottement : cette sciure demande une certaine préparation pour ne pas abîmer les insectes et ne pas être exposée à s'échauffer. Il faut prendre de la sciure de bois blanc, assez fine pour que les pattes et les autres parties fragiles des

insectes desséchés ne soient pas brisées par les inégalités des parcelles de bois, mais pas assez fine
pour ressembler à de la poussière ; quand on a fait
ce choix, on humecte la sciure avec de l'esprit-de-
vin où l'on a fait dissoudre un peu de sublimé corrosif.

Cette dernière substance n'est pas indispensable
si les insectes ne doivent pas rester longtemps entassés et à l'humidité, mais elle est fort utile pour
empêcher la moisissure ; avec cette méthode on peut
placer beaucoup d'insectes dans un fort petit espace,
ce qui est précieux en voyage, et ils ne sont pas exposés aux inconvéniens inhérens au transport des boîtes d'insectes piqués. Quant aux Coléoptères un peu
gros, les matières que renferme leur corps les expo-
sent trop à la pourriture, même avec de la sciure
de bois préparée, il vaut donc mieux les piquer ; si
cependant on pouvait les mettre bien secs dans des
boîtes avec de la sciure, ce serait encore le meilleur
moyen.

Les insectes se piquent sur l'élytre droite, en re-
gardant l'insecte la tête en haut, entre l'écusson et
le bord externe, il faut se servir d'épingles bien
aiguës et élastiques ; celles d'Allemagne réunissent
seules ces deux qualités ; la grosseur varie suivant
la taille des insectes ; il en est de même pour la longueur ; celle de 16 lignes est la plus convenable

sous tous les rapports. Depuis longtemps on se servait des épingles de 18 lignes ; mais maintenant, à l'exemple des Allemands, qui ont un talent particulier pour arranger les insectes, beaucoup d'amateurs français se servent d'épingles de 16 lignes. Cependant il y a des cas où l'on est forcé de prendre une longueur plus forte à cause de l'épaisseur du corps, mais ces cas sont rares dans nos pays (1).

Reste maintenant la question des petits insectes, question très controversée, et sur laquelle nous donnerons les deux méthodes différentes en exposant le pour et le contre. — Les anciens collectionneurs piquaient tous les insectes ; aussi avons-nous maintenant l'avantage de ne pouvoir reconnaître les insectes décrits par les auteurs parce que la poussière et le vert-de-gris ont tellement envahi ces pauvres Coléoptères qu'on ne voit plus à leur place qu'un point sale et informe. Quelques personnes, à Lyon notamment et dans le Midi, suivent encore leur méthode, mais en remplaçant l'épingle par un fil de fer très mince ; de cette manière on évite l'inconvé-

(1) Notons, en passant, qu'au lieu d'étendre les pattes et les antennes, comme le recommandent plusieurs ouvrages, il faut, au contraire, ramener les premières sous le corps, et les autres de chaque côté : l'insecte ainsi préparé est moins agréable à l'œil, mais il a l'avantage de ne pas tenir tant de place et de ne pas s'accrocher à ses voisins, sans compter que l'on casse souvent les membres en voulant leur donner l'*attitude*.

3.

nient du vert-de-gris; mais on est obligé de piquer sur le fond de la boîte de petits morceaux de moëlle de sureau pour que le fil de fer puisse tenir; ce fil est très fragile, il se brise et se fausse très facilement, il s'oxide très promptement et se casse dans le corps de l'insecte; s'il est vrai qu'on peut voir le dessous du corps, il faut avouer que ce n'est pas très commode quand il s'agit d'un *Ptilium* ou même d'un Psélaphe; le dessus est toujours défiguré par le trou du fil de fer, et dans un petit insecte, il est très important de voir facilement l'ensemble du corps.

Le second système consiste à coller les insectes; cette méthode nous vient, je crois, d'Allemagne; les Entomologistes de ce pays fixent l'insecte à la pointe d'une petite bande de fort papier ou de carte, en forme de triangle, tantôt avec de la gomme arabique, tantôt avec du vernis; cette dernière matière est très désagréable parce qu'il faut la faire dissoudre dans l'alcool pour retirer l'insecte. On a imaginé depuis de mêler à la gomme arabique un peu de sucre candi, ce qui donne du liant à la gomme et l'empêche de se détacher quand elle est sèche; il faut toujours se servir de gomme en morceau, parce que la gomme réduite en poudre se transforme en partie en amidon, ce qui la rend opaque et moins tenace. La gomme mêlée au sucre devient hygrométrique et attire facilement l'humidité; il est donc utile d'y mêler quelques grains de sublimé corrosif qui empêchera toute végétation parasite. C'est faute de cette précaution que l'on voit quelquefois des champignons se former sur la gomme et recouvrir à la fin tout l'insecte. En outre on remplace ordinairement la carte par une paillette de mica, quadrangulaire, au milieu de laquelle est collé l'insecte ; de cette manière il ne court aucun risque, l'épingle peut tomber sans que l'insecte se sépare du mica, et comme il est au milieu, ses pattes et antennes sont à l'abri.

Les partisans du système précédent reprochent à celui-ci d'empêcher de voir le dessous des insectes, mais c'est là une objection puérile et sans fondement ; d'abord, il est très facile, quand on a plusieurs individus d'une même espèce, d'en mettre un sur le dos ; en deuxième lieu, il est non moins facile, quand on veut examiner en dessous un insecte collé, de le jeter dans quelques gouttes d'eau distillée ; une fois décollé, on l'examine et beaucoup plus commodément que s'il était piqué.

Lorsqu'on prépare des insectes qui, comme les *Ptilium*, ne sont pas plus gros qu'une piqûre d'épingle, il faut commencer par coller, au milieu du mica, un petit carré de papier blanc un peu plus grand que l'insecte, et sur ce papier on place le Coléoptère. Cette précaution est nécessaire pour le bien apercevoir , ce qui serait difficile sur le mica , à cause du brillant de cette matière.

Lorsqu'on veut ramollir un insecte desséché, on le pique ou on le pose sur du grès mouillé au fond d'un vase qui ferme hermétiquement, on le recouvre , et au bout de 8 ou 10 heures au plus, on peut le manier sans crainte de le casser. Quand il s'agit d'un petit insecte qu'on veut coller , il faut le jeter dans de l'eau distillée, l'y laisser ramollir quelques minutes ; puis on le retire avec un pinceau , on le met sur une feuille de papier sans colle pliée en plusieurs doubles pour absorber l'humidité : avec le pinceau on arrange les pattes et les antennes : si c'est un insecte qui ait des poils ou du duvet , il faut, avant d'y toucher , prendre une grosse goutte d'eau avec le pinceau , la poser sur l'insecte qui est sur le papier, et le laisser sécher ; sans cette précaution , les poils et le duvet s'endommagent et se collent les uns sur les autres. Quand l'insecte est sec , on pose une très petite goutte de gomme sur la carte ou sur le mica , on enlève l'insecte avec le pinceau légèrement mouillé et on le met sur la gomme ; il faut qu'il soit bien sec, sans cela , par l'effet de la capillarité , la gomme remonte sur le corps et finit par le couvrir d'un enduit très désagréable à l'œil et à l'étude. Nous avons insisté sur l'eau distillée , parce qu'il arrive souvent que l'eau ordinaire, même filtrée, renferme quelques principes minéraux qui se déposent sur l'insecte sous la forme d'une croûte blanchâtre, faisant le même effet que la gomme remontée.

Quand des insectes finissent par se couvrir d'*acarus*, ce qui arrive souvent dans les collections de province, il faut les laver avec de l'alcool très fort dans lequel on fait dissoudre quelques grains de sublimé.

Pour piquer les insectes en général, dans les boîtes, on se sert d'une pince; la plus en usage et celle que nous conseillons est la *pince d'horloger*, on appelle ainsi une espèce de *brucelle* montée à vis; il faut, par opposition avec celle qui sert à prendre les petits insectes, ou recoller les pattes et les antennes qui viennent à se briser, choisir la sorte la plus forte. Quelques amateurs font usage de pinces à oreilles à pointes droites ou recourbées, mais elles sont plus embarrassantes, sans être plus commodes dans la pratique, aussi sont-elles presque complètement abandonnées par les Entomologistes de Paris.

Pour compléter notre cadre, nous devrions maintenant parler de l'arrangement d'une collection, mais ici l'individualité commence et nous n'avons plus rien à enseigner : bornons-nous à dire que les boîtes, tiroirs ou cadres, doivent fermer hermétiquement, que la propreté est le meilleur préservatif contre les mites et les anthrènes, et qu'il faut pour cela visiter souvent sa collection, car les larves d'anthrènes n'aiment pas à être remuées; les secousses données aux boîtes font tomber ces fléaux des entomologistes et finissent quelquefois par les tuer. Avec ces principes et l'amour de l'entomologie, un amateur finira bien vite par se mettre au niveau de ses confrères ; mais si le feu sacré manque, tous les volumes que nous écririons ne parviendraient pas à l'allumer.

*Ex nihilo nihil.*

# DEUXIÈME PARTIE. — LÉPIDOPTÈRES.

## USTENSILES.

1° Le premier et le plus important de tous est *un filet*. Il consiste dans une poche de crêpe vert dont on a fait disparaître l'apprêt. Cette poche, longue de 45 à 50 centimètres, est adaptée au moyen d'une coulisse à un cercle dont le diamètre est ordinairement de 30 à 35 centimètres. Ce cercle fait avec du fil de fer propre à résister à tous les mouvemens de la main sans cependant la fatiguer, est divisé en deux ou en quatre parties égales, s'ajustant à l'un ou à trois de leurs bouts par un crochet fermé, et à l'autre par un empattement aplati et taraudé pour recevoir une vis qui est enfoncée et goupillée dans une canne de bambou ou de tout autre bois à la fois léger et solide.

2° Le *filet à faucher* ne diffère du filet ordinaire, qu'en ce qu'il est plus pesant afin de résister davantage aux végétaux sur lesquels il est destiné à être promené. En outre la poche de crêpe devra être

remplacée par une poche de toile épaisse, et assujé-
tie au cercle de fer au moyen d'une forte coulisse (1).

3° La *pince à raquettes* est un fer à friser dont on
retranche les masses, et auquel on soude deux anneaux ovales ayant environ 12 ou 14 centimètres
de longueur sur 8 à 10 de largeur. On aura soin de
garnir chacun de ces anneaux avec de la toile
métallique très fine, ou, mieux encore, avec du
tulle ou du crêpe non apprêté. Cette garniture devra être bordée d'un ruban de fil.

4° Le *maillet* est une masse en bois, de forme cylindrique, dans l'intérieur de laquelle on aura soin
d'introduire deux livres de plomb, afin d'y donner
la pesanteur nécessaire. Cette masse devra être gar-
nie de liége dans toute sa surface extérieure, après
quoi elle sera recouverte d'un cuir épais dont les
attaches devront être solidement cousues. Elle
aura pour support un manche rond et lisse en
bois de frêne ou d'acacia (2).

(1) Il est donné, dans la première partie, une description très
détaillée d'un filet de cette espèce à l'usage des Coléoptéristes.

(2) Le liége et le cuir n'ont d'autre but que d'amortir par leur
élasticité l'effet du choc imprimé par la masse sur les arbres forestiers, et d'empêcher ainsi la déchirure de l'écorce. Malgré ces
précautions, on ne devra user du maillet qu'avec beaucoup de ré-
serve; il faudra éviter de frapper les arbres dont l'écorce et le bois
seraient trop tendres ou résineux, comme les pins, les sapins, etc.,
et autres conifères.

5° Les *brucelles* sont un instrument en fer ou en cuivre à ressort très doux, et servant à saisir les objets que l'on craindrait de gâter en les touchant avec les doigts.

6° Les *boîtes de chasse* devront être faites d'un bois léger ou de fer-blanc, afin d'être moins embarrassantes. On leur donnera une profondeur de 5 à 6 centimètres ; le fond sera doublé de liége, ou mieux encore *d'agavé*, végétal dont la moëlle spongieuse offre moins de résistance à l'épingle du chasseur.

7° Les *boîtes pour recueillir les chenilles* sont de forme ovale, le plus ordinairement faites en fer-blanc. Elles ont environ 14 centimètres de longueur, 8 de largeur et 6 de hauteur ; à l'une des extrémités du couvercle on pratique une ouverture de 2 1/2 centimètres, par laquelle on introduit les chenilles ; l'autre extrémité est percée de plusieurs petits trous pour donner passage à l'air.

8° Les *épingles* seront de différentes grosseurs. afin d'être toujours en proportion avec le corps du papillon. Les meilleures épingles sont celles que l'on fabrique en Allemagne, à Carlsbad, Nuremberg, etc. La longueur la plus convenable est de 35 millimètres.

9° Deux autres ustensiles compléteront l'attirail du chasseur de Lépidoptères : un parapluie dont la surface concave est destinée à devenir le réceptacle des chenilles qu'on fera tomber des arbres à l'aide du maillet, et une nappe sur laquelle on secouera les tas de feuilles sèches qu'on amassera vers le milieu de l'automne et vers le commencement du printemps, afin de découvrir les chenilles qui s'y blottissent. Du reste, le parapluie pourra également servir à cet usage.

10° Enfin un large ciseau ou une pioche serviront à déterrer les chrysalides.

## CHASSE.

Ce sujet vaste et compliqué demanderait plusieurs volumes pour être convenablement traité. Forcés de nous restreindre dans un cadre étroit, nous allons indiquer les principes généraux qui devront guider dans ses recherches tout amateur de Lépidoptères.

Nous diviserons ce chapitre en trois sections : dans la première nous traiterons des chenilles, dans la seconde des chrysalides, dans la troisième des insectes parfaits.

## CHENILLES.

Parmi les chenilles, les unes vivent à découvert sur les végétaux, d'autres se cachent pendant le jour et ne visitent que pendant la nuit les plantes qui leur servent de nourriture ; d'autres habitent le sommet des arbres , d'où elles ne descendent que pour se transformer en chrysalide.

Les chenilles qui vivent à découvert sont nombreuses ; lorsqu'on parcourt la campagne pendant les beaux jours du printemps ou de l'été, il suffit d'examiner avec un peu d'attention le premier arbre venu pour y reconnaître de suite la présence et les ravages des chenilles. Il semble donc que le lépidoptérologiste n'ait ici *qu'à se baisser et prendre* ; mais cela n'est vrai que pour ces larves communes qu'un collecteur de première année dédaigne même souvent de recueillir. Au contraire, pour savoir trouver les chenilles des espèces rares, on peut dire hardiment qu'il est une foule de qualités indispensables, dont les principales sont un coup d'œil observateur, une longue habitude, et, autant que possible, la connaissance pratique de la botanique rurale (1).

(1) En effet, lorsqu'un auteur, même sans spécifier de plante, indique d'une manière générale que telle chenille vit sur les labiées, les caryophyllées, les légumineuses, comment pourra-t-on espérer de réussir dans ses recherches, si l'on ne connaît pas au moins les principales plantes dont se composent ces familles ?

Parmi les arbres, ceux qui nourrissent le plus grand nombre de chenilles, sont le chêne, l'orme, le bouleau et le peuplier. Il suffit de frapper le tronc de ces arbres, des deux premiers surtout, dans les derniers jours de mai, ou dans le commencement de juin, pour en faire tomber un grand nombre de larves de Lépidoptères.

Quant aux chenilles qui vivent à découvert sur les plantes basses, une fois que l'on connaît l'époque de leur apparition et les végétaux dont elles se nourrissent, il suffira pour les trouver d'avoir de bons yeux et beaucoup de patience. Nous indiquerons dans le chapitre suivant les époques et les végétaux propres aux principales espèces. Observons seulement ici que s'il est un grand nombre de chenilles qui se tiennent à l'extrémité des feuilles, il en est beaucoup d'autres au contraire qui se retirent pendant le jour au bas de la tige.

Mais la plupart des chenilles de noctuélites vivent solitaires et cachées sous les graminées et sous les plantes basses. Ces chenilles ne mangent que la nuit, et le jour elles se retirent sous des feuilles sèches aux environs de la plante qui les nourrit. C'est ici que l'usage de la nappe ou du parapluie devient nécessaire; on fera des amas de feuilles sèches dans le voisinage des plantes où l'on remarquera que les chenilles ont mangé; on secouera ensuite ces tas de feuilles en divers sens; puis, après avoir rejeté les feuilles par poignées, on examinera le fond de la nappe ou du parapluie, pour en retirer les chenilles que ces diverses secousses y auront fait tomber. On sent, du reste, que le hasard doit jouer un rôle immense dans cette sorte de chasse, qui, en échange de beaucoup de peine, donne souvent de médiocres résultats. Il est vrai de dire, par compensation, que c'est à peu près le seul moyen qu'on puisse employer pour se procurer une foule de chenilles de rares noctuélites.

Parmi les chenilles, il en est plusieurs qui se nourrissent exclusivement de graines; d'autres s'enferment dans les siliques de certaines légumineuses; d'autres, enfin, vivent dans les capsules de plusieurs caryophyllées, particulièrement dans celles des genres *Silene, Lychnis, Agrostemma, Gypsophila*, etc. D'autres sont essentiellement lignivores ou médullivores, et vivent dans l'intérieur des arbres, dans la tige des roseaux (1), etc., etc. Quelques-unes vivent de lichens, d'algues ou autres plantes cryptogames.

(1) Il est indispensable de reconnaître l'ouverture que les chenilles ont pratiquée pour s'introduire dans les végétaux; pour arriver à cette découverte, on aura soin d'examiner plus particulièrement les feuilles mortes ou languissantes; c'est le plus sûr indice du voisinage des chenilles; car les feuilles dont elles ont

4.

Il en est un grand nombre qui sont frugivores, surtout parmi les pyralites et les tineïtes; elles vivent dans l'intérieur des pommes, châtaignes, etc.; il en est quelques-unes aussi qui vivent dans la graisse ou dans les matières animales en décomposition.

Le blé qui nous sert d'aliment, la laine et la soie qui nous vêtissent, la plume de nos lits, etc., servent de pâture à une foule de chenilles, dont l'énumération exigerait un volume s'il fallait entrer dans le champ de la spécialité.

## ÉPOQUE OÙ IL CONVIENT DE CHASSER LES CHENILLES.

S'il est vrai qu'on trouve des chenilles dans toutes les saisons, il ne l'est pas moins que c'est au printemps et en automne qu'on en rencontre davantage. Ceci posé, nous allons suivre l'ordre du calendrier dans l'indication des mois où paraissent les principales espèces.

Vers la fin de févr·er, ou dans les premiers jours de mars, lorsqu'une douce température commence

attaqué la tige se décolorent et ne tardent point à mourir; c'est un principe qui ne souffre pas d'exception; fort de cette connaissance, l'amateur de lépidoptères arrivera facilement à la découverte du trou pratiqué par la chenille, et ensuite à la conquête de celle-ci.

à succéder aux gelées de l'hiver, on doit explorer les feuilles sèches à l'aide de la nappe ou du parapluie, ainsi que nous l'avons indiqué précédemment. A l'aide de cette méthode, on se procurera un grand nombre de chenilles de noctuélites appartenant aux genres *Agrotis, Noctua, Triphœna*, etc. Les plantes aux environs desquelles il convient particulièrement de faire des amas de feuilles sèches, sont les suivantes, que nous nommons à peu près dans l'ordre successif de leur développement : la *violette*, le *lierre terrestre (glechoma hederacea)*, la *benoîte (geum urbanum)*, différentes espèces d'*oseille*, principalement les *rumex acetosa* et *acetosella*, les *plantains (plantago lanceolata* et *plantago media)* et surtout la *grande primevère (primula veris elatior)* qui croît dans les clairières humides des bois. C'est ainsi qu'on pourra se procurer les chenilles des noctuelles *Tenebrosa, Festiva, Brunnea, Sigma, Baja, Tristigma, Triangulum, Rhomboidea, C. nigrum*, celles de la *Polia herbida*, des *Triphœna fimbria* et *Linogrisea*. La chenille de la *Triphœna Janthina* vit principalement sur l'*arum maculatum*, et c'est aux environs de cette plante qu'il convient de la chercher. On explorera les graminées, surtout celles qui sont longues et rudes, pour y trouver les chenilles de plusieurs espèces des genres *Leucania* et *Caradrina*, celle de la *Triphœna interjecta*. La chenille de la *Segetia Xanthographa* est commune dans tous les bois des environs de Paris; on la trouve sous la plupart des graminées.

Le système de chasse dont nous venons de parler devra être continué jusque vers la mi-avril, époque où les chenilles vivant de plantes basses, qui ont passé l'hiver, sont, d'ordinaire, presque toutes métamorphosées. On continuera cependant de visiter les *rumex acetosa* et *acetosella*, jusque vers le commencement de mai, pour y chercher plusieurs chenilles d'orthosides, entr'autres celles de l'*Orthosia hebraïca*. Vers le 20 avril, il faudra ramasser avec soin les châtons des saules marceaux, des trembles, etc., pour y recueillir les chenilles de plusieurs espèces de *Xanthia*, entr'autres celles des *X. silago* et *cerago*, qui vivent exclusivement dans les châtons de ces arbres.

Le mois d'avril est un des mois les plus favorables; c'est vers le commencement de ce mois qu'il faut chercher la chenille de la *Plusia chrysitis* sur l'ortie dioïque, dans les endroits marécageux; celle de la *Plusia iota* sur l'ortie et le chèvrefeuille, dans les clairières humides des bois. C'est aussi le meilleur moment pour la recherche de la chenille de l'*Ecaille hébé*, qui vit sur la millefeuille, le séneçon, etc., dans les parties sèches et brûlées des terrains siliceux calcaires. A la même époque, la chenille de l'*Ecaille brune* ou *civique* est parvenue à toute sa taille. On la trouve dans les clairières arides des bois sur la millefeuille, les *rumex*, etc., etc. Celle de l'*Ecaille fermière (Chelonia villica)* vit principalement sur les orties, le *lamium album*, etc.; celle de la *Callimorphe dominula* habite les lieux humides, sur l'ortie, la cynoglosse, la buglosse et autres boraginées. C'est encore à la fin d'avril qu'il convient de rechercher la chenille de certaines Sésies entr'autres celles des *Sesia mutillæformis* et *tipuliformis*, dont la première vit dans l'intérieur des jeunes branches du pommier, la deuxième dans l'intérieur des tiges du groseiller. A cette époque, on n'oubliera pas d'explorer les lichens qui croissent le long des parapets des ponts, ou contre les vieux bâtimens, pour y recueillir les chenilles des *Bryophila perla* et *glandifera*. Enfin les lichens qui tapissent le tronc des arbres exposés au midi, particulièrement le tronc des chênes, des ormes et des peupliers, devront être soigneusement visités, parce qu'ils servent de nourriture à un grand nombre de chenilles de lithosies, au nombre desquelles nous mentionnerons les *Lithosies complana, complanula, griseola,* etc., etc.

Vers le 10 ou 12 mai, lorsque les bois se couvriront de feuilles, c'est alors que l'on devra commencer, soit à l'aide du maillet, soit avec un bâton, à frapper le tronc ou les branches des arbres pour en faire tomber les jeunes chenilles. On trouvera sur

le chêne les chenilles des lichenées du même nom
*(Catocala sponsa* et *promissa)* (1), sur le saule celle de
la lichenée qui porte le nom de cet arbre *(Catocala
nupta)* ; vers la fin du même mois ces chenilles sont
ordinairement arrivées au terme de leur grosseur ;
c'est alors que le chêne, l'orme et la plupart des arbres forestiers sont dévorés par des myriades de
chenilles appartenant pour la plupart à la tribu des
bombycites, à celle des noctuélites et des phalénites.
Il serait superflu de les énumérer ici. Qu'il nous
suffise de dire que le passage du mois de mai au
mois de juin est l'époque de l'année où les chenilles
pleuvent, pour ainsi dire, des arbres. L'expérience
seule peut apprendre au lépidoptérologiste quelles
sont les espèces qui méritent d'être recueillies.

C'est encore vers la fin de mai qu'on trouvera,
mais rarement, sur diverses espèces de peupliers,
la chenille de la feuille morte qui porte le nom de
cet arbre *(Lasiocampa populifolia)*. Celle de la nymphale *Grand Sylvain ( Nymphalis populi)* vit sur le
tremble et se métamorphose ordinairement vers le
25 mai. C'est vers la fin du même mois qu'on doit
chercher la chenille du *Petit Sylvain (Limenitis Si-*

----

(1) Nous n'avons pas besoin de faire observer ici que les noms
français qui ont été pour la plupart créés par Ernst et Geoffroi sont
bien rarement en harmonie avec les noms latins, les seuls qui
soient usités dans les classifications actuelles.

*bylla)*, dans les clairières sombres des bois humides, sur le chèvrefeuille commun *(Lonicera periclymenum)*, celle du *Sylvain azuré (Limenitis Camilla)* sur la même plante, et aussi sur le *Symphoricarpos racemosa,* plante exotique qui décore les jardins. On trouve aussi la même chenille sur le camérisier des bois *(Lonicera xylosteum).*

A la même époque la chenille de l'*Ecaille pourprée* (*Chelonia purpurea*) se trouve, parvenue à toute sa taille, sur le genêt à balai *(Spartium scoparium),* la grande ortie (*Urtica dioïca*), la vigne, etc., etc. Cette chenille est polyphage, ainsi que la plupart de ses congénères.

Le commencement du mois de juin est encore propre à la recherche des chenilles de Bombycites et de Noctuélites. C'est l'époque où la chenille de la feuille morte du prunier ( *Lasiocampa pruni* ) se change ordinairement en chrysalide. Cette chenille vit rarement sur les arbres fruitiers; on la trouve dans les bois, sur le chêne, le bouleau et particulièrement sur l'orme. La chenille du Bombyx des buissons *(Bombyx dumeti)* se tient cachée sous les feuilles de pissenlits *(Leontodon taraxacum),* de l'épervière piloselle (*Hieracium pilosella*) et de plusieurs autres chicoracées. La chenille du Bombix v. noir ( *liparis v. nigrum*), celle de la patte étendue agathe (*Orgya fascelina*) se trouve, la première sur les arbres forestiers, dans les bois humides ; la seconde sur les genêts (*Spartium scoparium*) dans les lieux arides.

Vers la Saint-Jean, on devra chercher la chenille de la livrée des prés (*Bombyx castrensis*) sur le ciste hélianthème, le tithymale à feuille de cyprès (*Euphorbia cyparissias*), le genêt, etc.; celle de la noctuelle de la linaire (*Cleophana linariæ*) sur la plante du même nom ; celle de la vanesse carte géographique brune (*Vanessa prorsa*), depuis le 25 juin jusqu'au 8 juillet, sur la grande ortie, dans les clairières marécageuses des bois ; celle de la lichenée bleue (*Catocala fraxini*) sur les trembles des forêts.

Le mois de juillet qui est en général une saison peu favorable à la recherche des chenilles de noctuélites, est, au contraire, le temps le plus propice pour trouver les chenilles de Sphinx. C'est à cette époque qu'il faudra chercher la chenille du sphinx du tithymale ( *Deilephila euphorbiæ* ) sur la plante du même nom ; vers le 15 juillet, on commence à trouver la chenille du sphinx de l'ænothère (*Pterogon ænotheræ*) sur l'Epilobe à feuilles de romarin (*Epilobium rosmarinifolium*); celle du sphinx à tête de mort (*Acherontia Atropos*) sur la pomme de terre, le lyciet jasminoïde et plusieurs autres solanées; celle du sphinx à corne de bœuf sur les liserons (*Convolvulus arvensis* et *C. sæpium*).

Vers le commencement et jusque vers le milieu du mois d'août, on cherchera la chenille du sphinx petit pourceau ( *Deilephila porcellus* ) sur le caille-lait-jaune ( *Galium verum* ) ; celle du sphinx de la Garance ( *Deilephila galii* ) sur la même plante ; il est bon d'observer que ces deux chenilles vivent solitaires et cachées au bas de la plante, pendant le jour ; celle du moro-sphinx ( *Macroglossa stellatarum* ) vit sur le caille-lait blanc ( *Galium mollugo* ) ; celles des sphinx fuciforme et bombyliforme se trouvent, la première toujours cachée pendant le jour au bas de touffes de la scabieuse mors-du-diable ( *Scabiosa succisa* ), la seconde sur les chèvrefeuilles.

La chenille du sphinx de la vigne ( *Deilephila elpenor* ) doit être cherchée depuis le 10 août jusqu'au commencement de septembre sur plusieurs espèces d'épilobes, au bord des étangs ou des mares.

C'est vers le mois d'août qu'on trouvera la chenille de la *Gortyna flavago* dans l'intérieur des tiges de l'hyèble ( *Sambucus ebulus* ) ; celle des *Nonagria typhæ* et *sparganii* dans la tige des *Typha* et des *sparganium* qui croissent au bord des mares dans les lieux marécageux ; celle de la *Nonagria Paludicola* vit dans l'intérieur des tiges de l'*Arundo phragmites*.

Dans le mois de septembre on battra le tronc ou les branches des saules et des peupliers pour y recueillir la chenille des *Pygæra curtula, anachoreta,*

5

*reclusa, anastomosis,* etc. On trouvera sur le chêne la chenille du *Pygæra bucephala*, et celle de plusieurs autres bombycites et noctuélites. Vers la fin du même mois et vers le commencement d'octobre on se procurera en battant les chênes celle du *Notodonta querna*.

La fin de septembre ou le commencement d'octobre est l'époque la plus favorable à la recherche des chenilles de deux belles noctuelles, les *Thyatira batis* et *derasa*; on trouvera les chenilles de ces deux Lépidoptères sur différentes espèces de ronces et sur le framboisier ( *Rubus fruticosus, cæsius* et *idæus*). Il est bon de remarquer que la première de ces chenilles vit à découvert, tandis que la seconde se cache en dessous des feuilles.

Vers le mois de novembre on devra de nouveau faire des amas de feuilles sèches, et y chercher comme nous l'avons dit plus haut, les chenilles qui doivent passer l'hiver.

## MANIÈRE D'ÉLEVER LES CHENILLES.

L'éducation des vers à soie peut servir en général de modèle à celle des autres chenilles. Toutes les fois donc qu'on trouvera une chenille sur une plante, on est à peu près sûr de l'élever en lui fournissant une quantité suffisante de cette plante, qu'on aura soin de tenir fraîche et de renouveller souvent, surtout dans le moment des grandes chaleurs.

Il y a beaucoup de chenilles qui sont polyphages. On pourra les nourrir indistinctement avec toute espèce de végétaux.

Dans l'état de captivité, la laitue et la romaine conviennent particulièrement à la plupart des chenilles de noctuélites qu'on trouve sous les feuilles sèches, en automne ou au commencement du printemps.

Mais pour la plupart des autres chenilles c'est un aliment trop aqueux qui relâche les tissus, et qui bien souvent, étiole d'avance les couleurs de l'insecte parfait que la chenille doit produire.

Les chenilles qui doivent s'enterrer seront élevées dans de grands vases, ou dans des pots à fleurs à demi remplis de terre de bruyère. Afin de donner de l'air et de la lumière aux chenilles, on couvrira ces pots ou ces vases avec de la gaze, du canevas ou de la toile métallique. On aura soin en outre d'étendre sur la terre dont nous venons de parler un lit de mousse et de feuilles sèches, afin que les chenilles puissent s'y blottir ainsi qu'elles ont l'habitude de le faire dans la nature. Nous recommandons surtout ce moyen pour les chenilles de noctuélites qu'on se sera procurées à l'aide de la nappe ou du parapluie; il devient indispensable pour les chenilles qui passent l'hiver à l'état de captivité.

Pour élever les espèces qui aiment la chaleur, telles que les écailles (*Chelonia*) et en général toutes les chenilles fileuses, il est préférable d'avoir des boîtes dont le couvercle soit presque aussi profond que la boîte elle-même; on aura soin de supprimer une partie dudit couvercle et de la remplacer avec de la gaze fixée par de la colle.

On nettoiera souvent les boîtes et les pots où il y aurait un grand nombre d'individus pour éviter que les crottes n'engendrent en se moisissant des exhalaisons nuisibles.

Du reste si l'on veut élever les chenilles avec succès, on aura soin de les isoler, ou de n'en mettre ensemble qu'un petit nombre d'individus.

## CHRYSALIDES.

On sait que les chenilles accomplissent leurs métamorphoses de plusieurs manières; les unes, à l'instar du ver à soie, filent une coque plus ou moins dure; les autres se suspendent horizontalement ou verticalement soit au tronc des arbres soit aux parois des murailles. Il en est plusieurs qui pratiquent sous l'écorce des arbres une petite loge dans laquelle elles renferment leurs chrysalides ; le plus grand nombre s'enterrent au pied des arbres ou au bas des plantes qui leur ont servi de nourriture.

A l'exception de quelques espèces comme le Bombyx grand Paon (*Saturnia pyri*) ou comme l'écaille fuligineuse (*Chelonia fuliginosa*), dont la première fait sa coque soit au pied des ormes ou des arbres fruitiers, soit aux enfourchures des branches de ces arbres, soit contre le chaperon des murs qui les avoisinent, dont la seconde file sous les rebords ou dans les interstices des vieilles murailles, à l'exception disons-nous de quelques espèces, les chenilles fileuses font leur coque tantôt au sommet des branches d'arbres, tantôt à l'extrémité des tiges, tantôt encore dans les racines des plantes qui les ont nourries ; mais dans tous les cas, elles dissimulent si bien le lieu de leur nouvelle retraite, que c'est un bien grand hasard que de le découvrir. Il faut donc renoncer à ce genre de chasse excepté pour quelques familles, les Zygénides, par exemple, qui suspendent pour la plupart une coque en bateau à l'extrémité des longues graminées voisines de la plante sur laquelle elles ont vécu ; c'est ainsi que vers la fin de juin, dans les lieux arides où croissent en abondance, le *Lotus corniculatus, Hippocrepis comosa* et les *Coronilla varia, minima,* on se procure les coques des Zygènes *peucedani, hippocrepidis,* etc.

5.

Pendant l'hiver et au premier printemps, on peut espérer de rencontrer la coque de la *Harpya Milhauseri*, incorporée au tronc des chênes surtout dans les bois exposés au midi, et dont le taillis est peu fourré. Cette coque est extrêmement difficile à découvrir parce qu'elle se confond avec l'écorce des arbres dont elle fait partie.

C'est aussi dans l'hiver qu'il faudra chercher les coques des Bombyx ermine, et des Bombyx grande et petite queue fourchue (*Dicranura erminea, vinula* et *bifida*).Ces coques épaisses et très dures se trouvent au bas des trembles et des diverses espèces de peupliers.

La plupart des Lépidoptères diurnes ou rhopalocères, se suspendent horizontalement ou verticalement, selon les différens groupes auxquels ils appartiennent, soit en dessous des feuilles, des végétaux, soit même contre les murailles des vieilles habitations.

En soulevant avec un instrument l'écorce des ormes, on y trouvera aisément dans l'hiver, les chrysalides des *Acronycta psi, aceris*, etc., et sous l'écorce des peupliers, celle de l'*Acronycta megacephala*.

Mais une recherche qui sera beaucoup plus fructueuse que toutes celles dont nous venons de parler, c'est celle des chrysalides dont les chenilles se sont enterrées au pied des arbres.

On fouillera au pied de ces derniers, dans un rayon de 12 ou 15 centimètres au plus, et à une profondeur de 6 ou 7 centimètres au moins, soit avec le ciseau, soit avec la pioche dont nous avons parlé plus haut. On aura soin ensuite d'éparpiller la terre afin de ne perdre aucune des chrysalides qui pourraient s'y être logées (1).

L'orme et le peuplier sont les arbres au pied desquels on trouve le plus de chrysalides. La raison en est simple ; indépendamment de ce que ces arbres nourrissent un grand nombre de chenilles, ils ont en outre l'avantage d'être isolés, étant pour la plupart du temps disposés par rangées, ou tout au moins en quinconce, le long des routes, des rivières etc.; tandis que les chênes, les bouleaux, et autres arbres forestiers offrent presque toujours des taillis peu pénétrables aux influences de l'air et de la lumière ; d'ailleurs dans un massif d'arbres, il est impossible de savoir quels sont ceux au pied desquels les recherches doivent être dirigées de préférence.

Si l'on fouille pendant l'hiver au pied des ormes qui bordent les routes, on y trouvera les chrysalides du Smérinthe du tilleul (2) (*Smerinthus Tiliœ.* Celles

(1) Pour pratiquer l'opération que nous venons de décrire, il convient de choisir une terre meuble ; plus la terre est dure et résistante, moins il y a de chance pour y trouver des chrysalides.

(2) En Suède, et dans les parties septentrionales de l'Europe, où

de plusieurs espèces du genre Orthosie entre autres les Orthosies *stabilis*, *instabilis*, *ambigua*, *miniosa*, les *Luperina brassicæ*, *oleracca*, et plusieurs autres noctuélites, enfin plusieurs chrysalides de phalénites, nommément celles des *Amphidasis*, *hirtaria betularia,* et quelquefois même, mais plus rarement, celles de l'*Amphidasis prodromaria*, et celle de la *Nyssia hispidaria*.

Sous les peupliers, particulièrement dans les lieux humides, on pourra trouver à la même époque les chrysalides du smérinthe du peuplier (*Smerinthus populi*), et celles de quelques noctuélites entr'autres de l'*Orthosia populeti* espèce peu répandue dans les collections et qui commence à éclore dans les premiers jours du mois de mars.

Nous avons dit que la recherche des chrysalides au pied des chênes, était généralement une recherche stérile; il n'en est cependant pas toujours ainsi, surtout lorsqu'il s'agit de chênes arrivés à une certaine grosseur, placés sur la lisière des bois, à une assez grande distance les uns des autres, et bien exposés aux rayons du soleil. On trouvera sous ces arbres ou en soulevant la mousse qui en garnit le pied, plusieurs espèces de chrysalides de noto-

---

l'orme ne végète plus, la chenille de ce sphinx vit sur le tilleul; c'est pour cela que Linné, qui l'a décrit le premier, lui a imposé le nom de *Smerinthus Tiliæ*.

dontides et de noctuélites, dont les chenilles se sont métamorphosées pendant l'automne ; dans les mois de juillet et d'août si l'on fouille au pied de chênes situés ainsi que nous venons de le dire, on y rencontrera les chrysalides de l'*Hadena protea*, et de l'*Agriopis aprilina*, espèces qui éclosent vers la fin de septembre ou dans le commencement d'octobre; dans l'ouest de la France, c'est ainsi qu'on se procure la chrysalide de l'*Hadena Roboris*.

Il arrive souvent que plusieurs chenilles de noctuélites qui vivent sur les plantes basses, dans l'intérieur des bois viennent se métamorphoser au pied des chênes ; nous citerons entre autre l'*Hadena hepatica*, dont on trouve quelquefois les chrysalides en soulevant la mousse qui tapisse le bas des gros chênes. Comme cette chenille opère sa métamorphose dès le mois de février, c'est dans les mois de mars et d'avril qu'il convient d'en chercher la chrysalide.

Enfin un excellent moyen de se procurer les chrysalides de plusieurs espèces rares, entre autres celles des chersotis *agathina* et *ericæ*, un moyen qu'on emploie avec succès dans le centre et dans l'ouest de la France, c'est de suivre les paysans lorsqu'ils arrachent les bruyères. (1). Les racines de ces plantes

(1) Dans certains pays, cela s'appelle *écobuer* les bruyères.

recèlent différentes espèces de chrysalides appartenant pour la plupart à de rares noctuélites.

## MANIÈRE DE CONSERVER CHEZ SOI LES CHRYSALIDES.

Pour conserver et faire éclore chez soi les chrysalides qu'on aura recueillies, on aura soin de les enterrer à moitié dans des boîtes ou des pots à demi-
remplis de terre de bruyère, de manière à ce que
la pointe ou partie postérieure de la chrysalide reste
enfoncée dans la terre, tandis que la partie antérieure
par laquelle le papillon devra sortir sera dirigée vers
le ciel. On recouvrira ensuite les chysalides avec
une couche légère de mousse qu'on aura soin d'humecter de temps en temps.

## INSTRUCTIONS SUR LA CHASSE

### DES

## LÉPIDOPTÈRES A L'ÉTAT D'INSECTE PARFAIT.

Une foule de notions diverses sont indispensables
au chasseur de Lépidoptères. En première ligne se
placent la connaissance exacte des mœurs de ces insectes, celle des époques où ils paraissent, celle des
terrains et des plantes que telle ou telle espèce af-

fectionne particulièrement; les heures de la journée
où elle se montre de préférence; l'influence exercée
soit par l'exposition de la localité, soit par les agens
atmosphériques; mille causes, en un mot, dont la
réunion forme la théorie complète du chasseur.

S'il s'agissait de raisonner sur *ces causes*, il y
aurait matière à un ouvrage de longue haleine; mais
comme notre seul but ici est d'être utile aux jeunes
amateurs peu expérimentés, en leur rendant les recherches pratiques plus faciles, nous nous bornerons
à décrire uniquement les faits les plus connus et les
mieux observés; et afin d'être plus agréables à nos
jeunes lecteurs, nous descendrons jusqu'à ces détails
de *localité* qui pourraient sembler puérils dans un
ouvrage sérieux, mais qui, dans un opuscule du
genre de celui-ci, où la science n'entre pour rien,
nous paraissent être parfaitement convenables.

## MANIÈRE DE CHASSER LES LÉPIDOPTÈRES.

### GÉNÉRALITÉS.

Et d'abord, pour parler des lépidoptères rhopalocères ou diurnes, il est évident que la chasse doit
en être faite au moyen du filet ou de la pince (1).

___

(1) « Pour attraper un diurne qui est posé, dit Godart à la fin
» du premier volume de son ouvrage sur les Lépidoptèes de

Il vaut mieux se servir de la pince que du filet pour prendre les sésies, les teignes, en un mot toutes les petites espèces.

La plupart des sphingides, des bombycites et des noctuélites se laissent piquer sur place pendant le jour.

Il est des espèces nocturnes sur le corselet desquelles les épingles sont sujettes à glisser; telles sont les lichenées (*Catocala*), la noctuelle alchimiste, et beaucoup d'autres encore. Pour plus de sûreté, on fera bien de les piquer d'abord avec une aiguille un peu forte, mais dont la pointe sera très acérée. Le papillon étant une fois piqué, on remplacera de suite cette aiguille par une épingle proportionnée au corps de l'insecte.

Beaucoup de Lépidoptères rhopalocères, ou diurnes, passent la nuit sur les plantes ou sur les fleurs.

» France, il faut s'en approcher avec précaution, et surtout lui dérober l'ombre du filet. S'il est par terre, on pose dessus cet instrument, puis on lève la gaze pour aider l'insecte à monter. S'il est sur une plante, sur un tronc d'arbre ou contre un mur raboteux, on le prend en remontant, et on tourne de suite le fer pour que la poche se ferme.

» Quand l'animal est captif, on le cerne dans un des coins du filet, puis on lui presse doucement les côtés de la poitrine avec le pouce et l'index. Après cela on le pique sur le milieu du corselet, de manière que la pointe de l'épingle sorte entre la deuxième paire de pattes. »

Telles sont les Lycénides (anciens argus de Geoffroy). On pourra facilement les prendre avec les doigts, avant leur lever, ou aussitôt après leur coucher. C'est ainsi qu'on prend les *Lycœna hylas, argus, œgon, corydon,* etc., sur les fleurs du serpolet, de l'origan, etc., plantes que ces espèces affectionnent.

La Nymphale grand sylvain, les Mars (*Nymphalis populi,* et *Apatura Iris* et *Ilia*), ne volent guère que le matin depuis 8 jusqu'à 11 heures. Dans les belles et chaudes journées, ils reparaissent ensuite de 3 à 5 heures de l'après-midi. Ils descendent en planant, et vont se reposer, sur la fiente des bestiaux, dans les routes fréquentées. Si on les manque, il faut bien se garder de les poursuivre, parce qu'ils disparaîtraient sans retour, tandis que si l'on reste tranquille, on est presque sûr qu'ils ne tarderont pas à revenir.

Les Piérides volent dans les jardins, les prairies, etc. ; les Argynnes et les Mélitées se plaisent dans les avenues et dans les clairières des forêts. Elles se reposent, ainsi que certaines Hespéries, sur plusieurs sortes de bugles (*Ajuga reptans* et *pyramidalis*).

Les Satyres aiment en général les endroits rocailleux et stériles.

Les Sésies s'attachent pour la plupart au bois pourri. Plusieurs espèces aiment à butiner dans nos jardins les fleurs du seringat odorant (*Coronarius philadelphius*).

A l'exception de trois espèces, des *Macroglossa fuciformis, bombyliformis* et *stellatarum,* tous les Sphinx dorment pendant le jour au bas des plantes ou contre le tronc des arbres. Le soir, les uns butinent vers le crépuscule, dans nos jardins, sur les fleurs du chèvrefeuille, du phlox, de la saponaire, de la valériane, etc. ; les autres volent, à la même heure, dans les prairies, pour y pomper le nectar des fleurs, particulièrement celui de la sauge des prés.

Les Zygènes se tiennent sur les fleurs des scabieuses, des chardons, ou au bout des longues herbes.

Les mâles des Bombyx *Tau, versicolor,* de la ronce, du chêne, des buissons, etc., volent pendant le jour à l'ardeur du soleil, de 8 heures du matin à midi. Les femelles de ces Bombyx dorment pendant le jour, appliquées contre le tronc des arbres ou cachées dans les feuilles sèches. Si l'on parvient à trouver une de ces femelles, il faudra se garder de la piquer, car c'est un excellent appât pour se procurer des mâles; on aura soin, au contraire, de la renfermer dans une petite cage de gaze bien transparente, et l'exposer dans une allée, ou dans une clairière bien découverte; on ne tardera pas à voir une grande quantité de mâles voltiger à l'entour, et l'on pourra ainsi en prendre un grand nombre, sans bouger de place.

La plupart des autres Bombycites, et un grand nombre de Noctuélites, dorment immobiles, pendant le jour, contre le tronc des arbres forestiers ; c'est alors que, pour les en faire tomber, l'usage du maillet devient indispensable. On ébranlera donc les arbres au moyen d'un coup sec sur le tronc, à peu près à la hauteur de la main ; en même temps que l'on donnera le coup, on promènera ses regards, dans un rayon de 2 à 3 mètres, autour de l'arbre, pour y découvrir les espèces que cette commotion subite aura fait tomber immédiatement sur le sol.

Quand le temps est nébuleux et froid, cette chasse peut avoir lieu à toutes les époques de la journée ; il n'en est pas de même pendant les heures ardentes de l'été ; à cette époque de l'année, les Bombycites et Noctuélites s'envolent, au lieu de tomber à terre, lorsque le coup de maillet a été donné. Ainsi, à partir du moment où les rayons du soleil auront acquis assez de force, ou même lorsque, par un temps couvert, la chaleur sera assez intense pour produire l'effet dont nous venons de parler, cette chasse devra être faite de grand matin, depuis 4 heures jusqu'à 7 ou 8 heures au plus.

Nous avons dit tout à l'heure que les Sphinx ai-

maient à butiner sur les fleurs, au moment du crépuscule. Il en est de même d'un grand nombre de
Noctuélites : c'est ainsi qu'on prend sur les valé-
rianes, sur l'origan, dans nos jardins, plusieurs espèces des genres *Noctua*, *Agrotis*, *Polia*, etc. Beaucoup volent aussi, à cette heure, sur les luzernes et les trèfles, principalement dans les prairies
qui descendent en côteaux dans le voisinage des
bois.

Il y a encore un autre genre de chasse qui est fort
usité parmi les entomologistes du centre et du midi
de la France, parmi les Lyonnais surtout. Il consiste, au moment de la floraison des bruyères, à
étendre un drap, pendant la nuit, au milieu des
clairières dont cette plante forme la végétation. Au
centre et aux quatre coins du drap sont disposés
des lampions allumés. Attirées par cette lumière,
beaucoup de Noctuélites viennent voltiger à l'entour
et on les prend facilement avec le filet, ou même
avec la pince. Cette manière est excellente si l'on
veut se procurer plusieurs espèces rares des genres
*Noctua*, *Agrotis*, *Luperina*, qu'on chercherait en vain
par d'autres moyens (1).

Les Phalénites aiment en général les lieux om-

(1) Les entomologistes du Midi appellent cette chasse , la
chasse à la miellée.

bragés; pour se les procurer, il faut battre les branches d'arbres et les buissons.

Du reste, un grand nombre de Noctuélites et de
Phalénites sont diurnes par leurs habitudes, en ce
sens qu'elles volent, comme les Rhopalocères, dans
les clairières des bois, dans les prairies, etc. On
pourra donc les prendre, comme ces derniers, à
l'aide du filet ou de la pince.

Quant aux Pyralites, aux Tinéites, aux Crambites, leur nombre est si grand, leurs mœurs sont
si variées, qu'un volume entier suffirait à peine à
décrire leurs habitudes. Bornons-nous à dire qu'elles
volent en général sur les fleurs, par exemple sur les
genêts, les bruyères, etc., dans les allées et dans les
clairières des bois, et que le moment le plus favorable pour les prendre est de 2 heures à 5 ou 6 heures de l'après-midi.

## ÉPOQUES ET LOCALITÉS OU IL FAUT CHERCHER LES LÉPIDOPTÈRES A L'ÉTAT PARFAIT.

Ainsi que nous l'avons fait pour les chenilles,
nous allons décrire successivement dans l'ordre du
calendrier, les époques où paraisssent les principales
espèces de Lépidoptères qui habitent nos environs
ainsi que les localités où il faut les chercher.

Disons d'abord, en général, qu'on trouve des Lé-

pidoptères dans toutes les saisons, même en hiver ;
il est vrai d'ajouter que les mois de décembre et de
janvier ne fournissent que quelques Phalénites du
genre *Hibernia*, ainsi que la *Larentia brumaria*. Le
mois de février est un peu moins stérile ; vers le
commencement de ce mois, lorsque le temps est
doux, on trouve sur le tronc des arbres, principalement sur le bord des allées des bois exposés au
midi, l'*Hibernia pilosaria*, et dans les taillis, vers
la fin du même mois, les *Hibernia leucophœaria* et
*progemmaria*. A la même époque, on voit voler,
parmi les Tinéites, plusieurs espèces des genres
*Cheimonophila* et *Lemmatophila* ; mais c'est seulement dans les premiers jours de mars que la nature
se réveille entomologiquement parlant. Nous ne parlerons pas ici des Piérides et des Vanesses communes, ainsi que de la Coliade citron (*Rhodocera rham-
ni*), qui commencent à voler dès les premiers jours
de ce mois ; mais, pour peu que l'on se promène,
le filet à la main, dans les allées ou dans les clairières peuplées de bouleaux, on est sûr de voir voler
la *Brephos parthenias*. Si l'on visite le tronc des arbres qui bordent les allées des bois de Boulogne,
de Vincennes, etc., on y trouvera les *Cymatophora
flavicornis, Xylocampa lithorhiza, Luperina conspi-
cillaris, Nyssia hispidaria, Amphidasis prodromaria*,
et quelquefois aussi, mais très rarement, la *Xylina*

*petrificata*. Le commencement du même mois voit éclore l'*Orthosia populeti*, qui se repose d'ordinaire sur le tronc des peupliers. Vers le 20 mars, le *Bombyx versicolor* vole avec une grande rapidité dans les allées des bois où il y a des plantations de bouleaux. Nous l'avons pris souvent, dans les bois de Clamart, au carrefour de la petite Plaine, entre 9 et 11 heures du matin. Si l'on frappe les taillis à l'aide du maillet, on trouvera, dans tous les bois, les *Orthosia miniosa, ambigua, lota*, etc. Enfin une charmante Phalénite éclot dans les derniers jours de ce mois, la *Nyssia zonaria*. Elle habite les prés humides, surtout ceux qui bordent la Seine du côté de l'est. Nous la prenons tous les ans en grand nombre, près de Paris, à l'extrémité du pont d'Ivry, vers la bosse de la Marne, dans l'immense prairie située entre Maisons et Alfort (1). Cette espèce reste tout le jour immobile sur le gazon.

Vers le 20 mars, la *Brephos parthenias* est remplacée par sa congénère *B. notha*. Cette dernière habite surtout les grands bois, ceux de Ville-d'Avray, Fausse-Repose, des Gonards près de Versailles, les forêts de Bondy, de St-Germain, de Sénart, etc. Elle vole, depuis 8 heures et demie du

(1) C'est dans la même localité que les amateurs de Coléoptères feront bien de rechercher la belle *Meloé scabrosa*, elle n'y est pas rare, surtout par un ciel chaud et sans nuage.

matin jusqu'à midi, dans les allées des bois, et elle aime à se reposer sur la boue, comme la *parthenias.* Pendant tout le mois de mars, l'*Amphidasis hirtaria* est commune sur le tronc des ormes qui bordent les routes et les boulevards.

Dès les premiers jours du mois d'avril, lorsque la température est chaude, le Polyommate de la ronce (**P.** *rubi*) commence à voler dans les parcs et dans les parties verdoyantes des bois. Il se pose fréquemment sur les genêts; en frappant les rameaux du genêt à balai (*Spartium scoparium*) dans les lieux arides et sablonneux, on en fait partir la *Chesias obliquaria.* Les allées et les clairières des bois sont animées par la présence de quelques espèces communes de Rhopalocères, tels que le *Polyommatus phlœas,* l'Argynne petite violette (*A.* *dia*), le Satyre Tircis (*Satyrus œgeria*), etc. Parmi les Hétérocères, le Bombyx petit paon (*Saturnia carpini*) se montre dans les endroits buissonneux, dans les garennes, etc. Vers la mi-avril, la Piéride aurore (*Anthocharis cardamines*) mâle, commence à paraître; la femelle, plus tardive, n'éclot guères avant les premiers jours de mai. C'est aussi l'époque où, dans certains lieux arides, on voit voler la variété printanière de la *Pieris daplidice,* et quelquefois même, mais très rarement, l'*Anthocharis belia,* dont la véritable patrie est le midi de la France.

Vers le 20 avril, et même quelquefois un peu plus tôt si le printemps a été précoce, le Bombyx Tau (*Aglia Tau*) mâle, vole avec rapidité, de 9 heures à midi, même plus avant dans la journée, si, dès le matin, le ciel a été couvert. Les allées et les massifs des bois où dominent les *charmes*, sont les endroits où il convient de le chercher; nous l'avons pris souvent dans les forêts de Compiègne, de Villers-Cotterets, de Chantilly, dans les bois d'Ermenonville, et, près de Paris, dans les bois situés entre St-Cyr et Versailles, surtout dans la forêt de St-Germain, dans le voisinage des Loges, et près de la station de l'Étoile de Conflans, aux environs du carrefour Dauphine, localité où, dans l'espace de quatre heures, nous en prîmes, l'an dernier, jusqu'à quarante-deux individus.

Quant aux Bombycites et Noctuélites dont l'existence immobile s'attache au tronc des arbres, le mois d'avril en voit naître plusieure espèces; c'est ainsi que, du 10 au 20 de ce mois, la *Cymatophora ridens* se trouve appliquée contre les chênes, les bouleaux, etc. A cette époque, si l'on frappe le tronc des peupliers, des trembles, on en fera tomber les *Dicranura vinula* et *bifida* (grande et petite queue fourchues), les Bombyx courtaud, reclus et anachorète (*Pygæra curtula, reclusa* et *anachoreta*), les *Notodonta chaonia* et *trepida*, l'*Orgya coryli*, les

*Acronycta rumicis* et *auricoma*, le *Platypteryx falcula*, les *Ennomos lunaria, illustraria* et *illunaria*.

Dans le passage du mois d'avril au mois de mai,
l'*Anarta myrtilli* que suit immédiatement sa congénère *arbuti*, volent, la première sur les bruyères,
la seconde sur les trèfles, les bugles, qui croissent
dans les lieux humides. Plusieurs Phalénites communes, telles que la *Fidonia atomaria*, la *Melanippe
macularia*, la *Sthrenia clathraria*, paraissent en abondance dans les bois, les prairies, etc... Parmi les
Rhopalocères, la *Leucophasia sinapis*, le *Syrichthus alveolus*, le *Thanaos tages,* le *Lycœna argiolus*,
quelquefois même, les *Papilio machaon* et *podalirius*, la *Nemeobius lucina*, et même l'*Argynnis
euphrosyne*, commencent à paraître dans les clairières et dans les allées des bois (1), parmi les
Hétérocères, les *Euclidia mi* et *glyphica* volent
dans les luzernes, surtout dans les prés qui avoisinent les bois; tandis que le Smérinthe du peuplier et les Bombyx museau et porcelaine *Ortho-
rinia palpina* et *Notodonta dictœa* dorment immobiles contre le tronc des peupliers.

Dès les premiers jours du mois de mai, les allées
des bois se couvrent de verdure et s'émaillent de

(1) Nous ne parlons ici que des années hâtives; généralement
l'éclosion de ces espèces n'a lieu qu'au commencement de mai.

fleurs sur lesquelles les espèces de Rhopalocères dont nous parlions tout-à-l'heure, aiment à venir se reposer. C'est le véritable moment de faire la chasse au *Nemeobius lucina*, qui vole tantôt sur les fleurs des bugles, tantôt sur les jeunes feuilles de chêne. (Cette espèce est très commune dans la forêt de Bondy). Les fleurs blanches de l'aubépine et celles du prunellier plaisent beaucoup au *Papilio podalirius*, qui se trouve communément dans la forêt de Fontainebleau, et plus rarement dans celles de Bondy, de l'Ille-Adam, St.-Germain, etc., etc. Si l'on frappe les peupliers qui bordent le canal de l'Ourq, dans la forêt de Bondy, on pourra en faire tomber le *Gluphisia crenata*; dans les parties humides de la même forêt, dans celles des bois de Meudon, de Vincennes, etc., on trouvera, en battant les baliveaux, la *Thyatyra batis*; si l'on visite, à la même époque, les clairières marécageuses des bois du Désert, à une lieue au-dessus de Versailles, en allant à Bouvier, et celles qui avoisinent l'Etang-Vert dans les bois de Chaville, on y rencontrera la vanesse carte géographique fauve (*Vanessa levana*). Cette espèce, dont le vol est assez rapide, aime particulièrement le bord des ruisseaux. Enfin, dans tous les bois où il y a des taillis de chênes et de bouleaux, on pourra se procurer les *Notodonta camelina*, *ziczac*, et *dictæoides*; et dans les allées ou les quinconces plantés en peupliers, les *Notodonta tritophus* et *torva*. En battant soit les chênes, soit les hêtres, on peut espérer de rencontrer le *Notodonta carmelita*, espèce très rare dans les environs de Paris, et qui n'a encore été trouvée que dans la forêt de Bondy ; dans les lieux peuplés d'érables, de platanes ou de sycomores, on abat quelquefois le *Notodonta cucullina*.

Vers le 8 ou 10 du même mois, les deux sphinx, gazés ( *Macroglossa fuciformis* et *bombyliformis* ) butinent le nectar de la sauge des prés, de la bugle, etc., dans les allées et dans les clairières des bois humides ; particulièrement dans celles des forêts de Bondy, de Sénart, d'Armainvilliers, dans les bois de Notre-Dame, etc. Dans les mêmes localités, on trouve en abondance l'Hespérie échiquier (*Steropes paniscus.*) Cette espèce se repose principalement sur la bugle.

C'est aussi le moment de prendre la charmante variété du *Syrichthus alveolus*, connu sous le nom d'*Alteæ*, et remarquable par la réunion des taches blanches des ailes supérieures. Nous avons rencontré souvent cette variété dans les bois de Chaville, près de l'Etang-Vert, dans la forêt d'Armainvilliers, dans celle de l'Ile-Adam, etc. A la même époque, éclosent aussi les *Melitea cinxia* et *artemis*, si communes dans les bois des environs de Paris.

Si l'on frappe les jeunes bouleaux dans les clairières des bois, on en fera sortir les *Platypterix
hamula* et *lacertula*. Dans les massifs, plusieurs
Phalénites communes, parmi lesquelles nous citerons
les *Ephyra punctaria* et *pendularia*, paraissent en
abondance. La *Macaria notataria*, la *Timandra ama-
taria* ne tardent pas à leur succéder. Ces Phalénites
sont diurnes, en ce sens qu'elles volent pendant le jour
comme les Rhopalocères ; il n'est donc besoin que du
filet pour les prendre. Il en est autrement, si l'on
veut se procurer les *Cymatophora or*, *octogesima*,
l'*Acronycta ligustri*; c'est à l'aide du maillet, en battant les troncs des peupliers, qu'on en fera tomber les
deux premières ; la dernière s'attache presque toujours au tronc des frênes, arbre qui nourrit sa chenille.

Du 15 au 20 mai, le Bombyx de la Ronce (*B.
rubi*) mâle, vole avec ardeur dans les clairières des
bois secs ; l'*Ophiusa lunaris*, dont le vol est également diurne, vient presque toujours s'abattre
dans les hautes herbes. Le bois de Boulogne, la
forêt de Bondy, etc., sont d'excellentes localités
pour prendre ces deux espèces. A cette époque,
l'*Argynne selene* vole en grande quantité dans tous
les bois. Parmi les noctuélites, c'est le moment de
l'éclosion des *Luperina basilinea*, *rurea*, *pinastri*,
de la *Cucullia umbratica*, qui s'appliquent comme
presque toutes les autres noctuelles, contre le tronc

7

des arbres forestiers , surtout de ceux qui bordent
les routes , les avenues , etc., etc., et qui sont entourés d'épines. C'est sur ces troncs que se repose
presque toujours la jolie *Cloantha perspicillaris*,
ainsi que la *Luperina leucophœa*, l'*Hadena ge-
nistæ* , c'est aussi la véritable époque du *Notodonta
bicolor* , qu'il faut chercher exclusivement dans les
massifs humides plantés en bouleaux. Les forêts de
Sénart , de Bondy , offrent d'excellents endroits
pour prendre cette belle espèce. On la fait tomber
en frappant les baliveaux de moyenne grosseur ,
surtout ceux qui croissent dans un sol bien garni
d'herbe , et offrant une végétation analogue à celle
des forêts du Nord de la France , véritable patrie
de ce Bombyx.

Le *Notodonta dodonœa* , qui éclot d'ordinaire du
10 au 20 mai, se trouve au contraire uniquement
dans les massifs de chênes. A part cette différence ,
la recherche de cette espèce doit être pratiquée
comme celle du *Notodonta bicolor*.

L'*Erastria argentula* éclot dans le même temps ,
et vole , pendant le jour , au milieu des hautes
herbes. Elle est très commune dans plusieurs endroits des forêts de Bondy , d'Armainvilliers , etc.

Vers le 20 de ce mois , le Satyre *hero* commence
à éclore ; son apparition est de peu de durée. Il est
très commun au bois de Notre-Dame, dans les clai-

rières de la route royale, entre le carrefour Royal et Romaine , près de la Queue en Brie ; on le trouve aussi en grande abondance , dans toute la forêt d'Armainvilliers, surtout dans les allées humides qui aboutissent à la Pyramide , à une demi-lieue d'Ozouer-Laferrière : on le rencontre aussi quelquefois , mais très rarement , dans la forêt de Bondy, aux environs du Raincy , ainsi que dans les clairières ombragées des bois de Chaville, près de l'Etang-Vert.

Nous ne parlerons pas ici d'une foule d'espèces communes , telles que le Satyre céphale (*Satyrus arcanius*) , les Hespéries sylvain et bande-noire , (*Hesperia sylvanus et linea*) , les *Lycœna alexis adonis* , *xanthe* , etc., etc. Nous ne mentionnerons pas même les noms d'une quantité de noctuélites et de phalénites vulgaires dont l'énumération excèderait les proportions du cadre auquel nous nous sommes astreints. Il en est de ces espèces comme d'un certain nombre de Tortricides , Pyralites , Tineites , etc. Ce sont des espèces dont il serait superflu de décrire l'habitat, puisqu'elles viennent d'elles-mêmes , pour ainsi dire , s'offrir par myriades aux coups du chasseur. Le *Syrichtus carthami*, plus rare , aime de préférence certains lieux arides , tandis que le *Syrichthus sao* ne se plaît que dans quelques localités restreintes : telles que les bords du canal de l'Ourcq, près de Sévran, dans la forêt de Bondy, les clairières arides du Vésinet, et surtout les pentes abruptes de quelques côteaux plus éloignés de la capitale, par exemple, près de Mantes, de Lardy, etc.

Le Bombyx feuille-morte du bouleau (*Lasiocampa betulifolia*) paraît pendant tout le mois de mai. Pour se le procurer, il faut battre les baliveaux, dans les taillis clairs; comme la chenille vit aussi sur le peuplier, on peut trouver l'insecte parfait en frappant ceux de ces arbres qui forment des avenues, sur le bord des bois. Signalons encore deux charmantes Phalénites qui paraissent également dans le mois de mai : les *Cidaria miaria* et *Larentia hastaria*. Ces deux espèces habitent presque exclusivement les bois; on les fera lever devant soi, en frappant les branches des arbres avec un bâton. Ce système de chasse, ainsi que nous l'avons déjà dit, est celui qui convient le mieux à la recherche des Phalénites.

Mais le moment le plus favorable à la recherche des noctuélites est, sans contredit, le passage du mois de mai au mois de juin. Si la chasse au maillet devient féconde en résultats, c'est principalement dans l'intervalle qui sépare le 20 mai du 15 juin. Dans la première période de cette belle époque, les Lépidoptères nocturnes éclosent en foule; le Bom-

byx milhauser (*Harpya milhauseri*), rare dans toute
la France, se trouve dans les taillis de chêne exposés
au midi, au bois de Boulogne, à Vincennes, dans
les bois de Meudon, etc. Il est suivi presque immédiatement par la belle Noctuelle alchimiste (*Cate-
phia alchimista*), qui se repose principalement sur
le tronc des chênes et des ormes qui bordent les
lisières. L'*Aplecta herbida* se repose contre le tronc
des arbres dans les parties humides des bois ; la
*Luperina atriplicis* (1), au contraire, aime de
préférence le séjour des jardins, contre les murs
desquels on la trouve souvent appliquée.

Les *Hadena thalassima* et *contigua* s'appliquent
contre le tronc des arbres ; il en est de même des
*Dianthœcia cucubali*, *capsincola*, *carpophaga*,
*compta*, *conspersa*, *albimacula*, etc. ; mais si l'on
veut se procurer un grand nombre d'individus de
ces *Dianthœcia*, sans en élever les chenilles, il
faut leur faire la chasse avec le filet, au moment du
crépuscule, soit dans les jardins, soit dans les bois
où croissent les plantes de la famille des Cariophyl-
lés (2).

(1) Il y a quelques années, cette espèce était extrêmement
commune sur les murs et contre le tronc des ormes, sur tous les
boulevards de la capitale.

(2) Nous avons déjà parlé de ce genre de chasse dans le chapitre
précédent.

N'oublions pas de mentionner ici plusieurs Li-thosies, les *Lithosia aureola*, et *rubricollis*, dont le vol est diurne, et qu'on trouve dans tous les bois herbus des environs de Paris. Parlons aussi de l'*Erastria fuscula*, qui aime à se reposer contre le tronc des arbres isolés, dans les allées et les clai-rières des bois.

Le passage du mois de mai au mois de juin est aussi l'époque de l'éclosion de la Nymphale syl-vain azuré (*Limenitis camilla*), qui reparaît à la fin de juillet. Cette belle espèce n'est pas rare dans les bois de Notre-Dame, près de la Queue en Brie, dans ceux du Désert, aux bords de la Bièvre, à une lieue de Versailles, ainsi que dans les bois de Ste.-Geneviève, à une demi-lieue de la station du che-min de fer d'Epinay. Nous l'avons prise plus sou-vent encore dans les rochers de Chamarante, ainsi qu'aux environs de la Tour de Poquency, près de Lardy, et dans plusieurs parties de la forêt de Fon-tainebleau.

La même époque voit éclore l'Écaille Hébé (*Che-lonia Hebe*), quelquefois aussi, lorsque l'année a été précoce, sa congenère *civica*. Ces deux espèces, rares aux environs de Paris, se plaisent particuliè-rement dans les lieux arides.

C'est aussi le moment de chercher le Smérinthe demi-paon (*Smerinthus ocellata*) contre le tronc des

saules et des peupliers. Le Smérinthe du tilleul est
commun sur le tronc des ormes qui bordent les
routes et les boulevards.

Les Sésies éclosent pour la plupart du 15 mai au
15 juin. La Sésie *tipuliforme* est ordinairement la
première qui paraisse ; elle vole dans les jardins des
environs de Paris, autour des groseillers dont la
chenille se nourrit ; la *Sésie scolieforme*, infiniment
plus rare, vole dans les clairières marécageuses des bois
plantés d'aulnes. L'*asiliforme* se repose contre les
crevasses des peupliers ; il en est de même de l'*a-
piforme*, qui est beaucoup plus commune. La
*mutilliforme* se plaît particulièrement dans les jardins, près des pommiers dont l'écorce sert de nourriture et de logement à la chenille. Elle butine
souvent, en compagnie de la Sésie *tipuliforme*, sur
les fleurs du seringat odorant (*Coronarius philadelphius*).

Un peu plus tardive que ses congénères, la
*chrysidiforme* vole dans les lieux arides, et se repose sur les fleurs des ombellifères. Nous l'avons prise,
plusieurs années de suite, au milieu de la jetée du
pont de Grenelle.

Une seule Zygène, plus hâtive que toutes les
autres, éclot dans les derniers jours du mois de
mai. C'est la Zygène de la millefeuille (*Zygœna
achilleœ*), espèce bien mal nommée, du reste,

puisqu'elle vit exclusivement sur le *Lotus cornicula-tus*, la *Coronilla minima*, etc., et d'autres légumi-neuses, et non sur les ombellifères. Cette Zygène est commune près du Raincy ; on la trouve aussi sur la pente des collines qui environnent Lardy. Dans cette dernière localité, surtout dans les environs d'Itteville, et de la Tour de Poquency, on trouve en grande quantité le *Lycæna hylas*, quelquefois aussi le *Lycæna arion*.

Dans les derniers jours de mai, et dans le com-mencement du mois de juin, la *Melitæa dictynna* vole dans les vallées et les clairières des bois maré-cageux. Elle est très commune dans la forêt de Bondy, dans celle d'Armainvilliers, etc,, etc. Sa congenère *athalia* est extrêmement répandue dans tous les bois. Les premiers jours du mois de juin sont signalés par l'apparition d'une magnifique espèce, la Nymphale grand sylvain (*Nymphalis populi*); ce beau Lépidoptère est assez rare aux environs de Paris. On le trouvait jadis très communément dans la forêt d'Armainvilliers, à un quart de lieue d'O-zouer-la-Ferrière, près de la Pyramide ; mais de-puis la fameuse trombe du 18 juin 1839, qui brisa tous les gros trembles de la route, cette espèce est devenue aussi rare dans cette localité, qu'elle était commune auparavant. Les meilleures localités pour la prendre, sont les bords du canal de l'Ourcq,

entre le pont des Six-Routes et le pont de Rougemont, l'allée de Rougemont, et la grande avenue
qui fait face au pont des Six-Routes, sur le côté
gauche du canal en venant de Paris, dans la forêt
de Bondy, et l'allée des Mulets située à l'extrémité
de la pièce d'eau des Suisses, près de la statue du
cavalier Bernin, dans le parc de Versailles. Nous
l'avons prise quelquefois aussi, mais plus rarement,
dans diverses parties des bois de Meudon, et même
au bois de Boulogne. Elle vole en planant comme
toutes les nymphales, depuis 8 heures du matin jusqu'à onze heures, et elle reparaît quelquefois quand
le temps a été très chaud, vers les trois heures et demie de l'après-midi. Elle se repose presque toujours
sur les matières excrémentielles, particulièrement
sur la fiente des bestiaux. En même temps que la
Nymphale grand sylvain, le Polyommate du prunier (*Thecla pruni*) se montre dans les clairières de
la forêt de Bondy, où croissent les prunelliers. Les
coupes fréquentes qu'on a faites dans cette forêt,
jointes aux investigations nombreuses des jeunes
amateurs, ont rendu cette espèce assez rare, de
commune qu'elle était jadis. Les clairières situées
entre la Poudrette et le pont des Six-Routes, du
côté gauche du canal, en venant de Paris, sont
encore les meilleures localités pour prendre ce Polyommate.

Indépendamment de la plupart des Noctuélites que nous avons signalées tout à l'heure, lorsque nous avons mentionné les espèces qui paraissent dans le passage du mois de mai au mois de juin, les dix premiers jours de ce dernier mois amènent l'éclosion d'une foule de Lépidoptères. Citons d'abord le Sphinx petit pourceau (*Deilephilla porcellus*) qu'on trouve de temps à autre dans les prairies ou les clairières humides des bois abondant en Caille-lait jaune *(Galium verum)*. Si l'on passe aux Phalénites, cette époque est favorable à l'éclosion de plusieurs espèces, parmi lesquelles nous citerons la charmante *Melanthia procellaria*, qu'on trouve de temps en temps dans les massifs sombres et marécageux de certains bois, dans la forêt de Bondy, dans les bas-fonds humides des bois de Meudon. La *Siona dealbaria*, dont la chenille vit sur la Bétoine officinale. L'insecte parfait n'habite, aux environs de Paris, que certaines localités, telles que la forêt de Sénart, les bois de Notre-Dame, près de la Queue en Brie, et surtout les bois de Fleury et de Ste-Geneviève, où nous l'avons prise par centaines.

La *Melanippe luctuaria* vole en assez grande quantité dans les grandes forêts de Compiègne et de Villers-Cotterets.

Presqu'en même temps que la Nymphale grandsylvain et le Polyommate du prunier, on voit paraître le Satyre bacchante (*Satyrus dejanira*). Cette espèce habite en général les grands bois, elle ne se plaît que dans les lieux ombragés. Elle est très commune dans la forêt de Bondy, surtout dans le voisinage de Livry, dans celle de Saint-Germain, dans la forêt d'Armainvilliers, dans les bois de Ste.-Geneviève, etc.; on la trouve quelquefois aussi dans les pans de Vincennes et de Boulogne.

Le Polyommate *Chryseis* commence à éclore dans les premiers jours de juin. Nous l'avons pris en grande abondance dans les clairières de la forêt de Royaumont, près de Lamorlaye, à une lieue et demie de Chantilly. Il se trouve aussi, mais plus rarement, dans les parties basses de la forêt du Lys, entre le village du Lys et celui de Lamorlaye; nous l'avons pris également dans la forêt de Chantilly, principalement dans la belle route du Connétable; on l'a rencontré aussi dans la forêt d'Hallate, entre Senlis et Pont-Ste-Maxence.

La *Melitea maturna*, que l'on a regardée longtemps comme exclusivement propre à l'Allemagne, se trouve quelquefois, mais rarement, dans les environs de Paris. Elle est assez commune dans les forêts de Villers-Cotterets et de Compiègne; on la prend aussi dans la forêt de Montmorency, près des étangs de la Chasse, et dans la forêt de Bondy, dans les allées qui avoisinent le dépôt de la *Poudrette*.

Le commencement de juin est l'époque où éclosent la plupart des Phulénites appartenant au genre *Boarmia*. On trouvera la grande *Boarmia roboraria* appliquée contre le tronc des chênes ; la *repandaria* se repose aussi contre les arbres, ainsi que l'*extersaria*. Cette dernière est commune contre le tronc des pins qui bordent les allées du bois de Boulogne, entre la Muette et la Pyramide. On trouvera dans les mêmes localités les *Cidaria picaria* et *simularia*.

Si l'on frappe les chênes dans les massifs des bois exposés au midi, on en fera tomber la *Diphtera orion*, espèce rare aux environs de Paris. La *Lupérina rurea* et sa variété *combusta* s'attachent contre le tronc des arbres isolés, de ceux principalement qui bordent les allées du bois de Boulogne. L'*Acronycta leporina*, les *Aplecta tincta, advena, nebulosa*, la *Luperina albicolon*, aiment aussi à s'appliquer contre le tronc des arbres.

Les *Hepialus hectus* et *lupulinus* se posent à l'extrémité des longues herbes, dans les allées et clairières des bois marécageux.

Vers le 10 du mois de juin, l'*Ophiusa pastinum* vole dans les bois ombragés où la *Vicia cracca* est abondante. La *Metrocampa margaritaria*, l'*Hemithea, buplevraria*, la *Phorodesma bajularia* et plusieurs autres Phalénites éclosent dans les clairières des forêts ; la *Cabera strigillaria* est commune dans tous les endroits où abonde le genêt à balai. Les *Luperina lithoxylea* et *musicalis* aiment à se reposer contre les arbres dont le tronc est entouré d'épines.

Du 10 au 15 juin, lorsque le temps est chaud, les Satyres Tristan (*S. hyperanthus*) et le S. myrtile (*S. janira*) volent par nuées, le premier dans les bois, le second dans les prairies.

Plus tardif, le Satyre demi-deuil (*Arge galatea*) n'éclot guère avant le 20 juin. C'est l'époque où la plupart des grandes espèces de Rhopalocères commencent à paraître.

La Nymphale petit sylvain (*Limenitis sibylla*) vole dans les clairières des bois ombragés ; elle est très commune à Meudon, Bondy, St-Germain, etc., etc. Il en est de même de l'Argynne tabac d'Espagne (*Argynnis paphia*), des deux Argynnes *Adippe* et *Aglaïa*, vulgairement désignées sous le nom de Grands nacrés. La première de ces deux Argynnes fréquente de préférence les grands bois. Elle est très commune dans les forêts de Saint-Germain, de Sénart, de Fontainebleau, de Chantilly, etc. Elle aime à se reposer sur les fleurs de ronces, sur celles des chardons, de la centaurée chausse-trape. C'est aussi vers le 20 juin, quelquefois même plus tôt si l'année a été précoce, que les Nymphales grand et

8

petit Mars (*Apatura iris, ilia* et *var. clytie*) commencent à paraître ; le Grand Mars habite les mêmes localités que le Grand sylvain. Nous l'avons pris souvent dans la forêt de Bondy, sur les bords du canal de l'Ourcq, entre le pont des Six Routes et le pont de Rougemont, dans l'allée des Mulets à Versailles, et aux environs de l'étang de Villebon, dans le bois de Meudon. Le Petit Mars est beaucoup plus répandu ; jadis on le trouvait très communément dans les prés de la Glacière, près de Paris; mais ces prairies ayant été encloses de murs et la plupart des saules et des peupliers ayant été abattus, il est inutile d'aller le chercher aujourd'hui dans cette localité. On le trouve dans les parties humides de presque tous les bois où il y a des plantations de saules et de peupliers, mais il se plaît particulièrement sur les bords du canal de l'Ourcq, dans la forêt de Bondy, aux environs du pont des Six Routes. Il se repose, comme le Grand sylvain et comme le Grand Mars, sur les matières excrémentielles. Le Mars orangé (*Apatura ilia v. clytie*) n'est qu'une variété du Petit Mars et se trouve dans les mêmes endroits que celui-ci.

La Procris de la globulaire vole dans la dernière quinzaine de juin ; elle se plaît principalement dans les grands bois un peu humides ; elle est rare aux environs de Paris. Sa congénère, la Procris de la statice, est beaucoup plus commune et vole dans les clairières de tous les bois ; elle aime à se reposer sur la Scabieuse des champs (*Scabiosa arvensis*).

La Zygène du chèvrefeuille (*Zygæna loniceræ*), fort improprement nommée du reste, puisque ni la chenille, ni l'insecte parfait ne se trouvent sur cette plante, éclot dans la dernière quinzaine du mois de juin. Elle habite aux environs de Paris des localités assez restreintes, telles que les bords du canal de l'Ourcq et l'allée de Rougemont, dans la forêt de Bondy, certaines allées de la forêt de Sénart, près le carrefour Montesquiou et le carrefour des Deux-Châteaux. Nous l'avons prise aussi quelquefois dans les environs de l'Étang Vert, près de Châville. Elle se repose souvent sur la Centaurée chausse-trape. Celle de la filipendule est extrêmement commune dans tous les bois des environs de la capitale.

Le Polyommate lyncée (*Thecla lyncæus*) se pose sur la ronce, le serpolet, la bruyère, etc. Il est extrêmement abondant dans tous les bois; le W. blanc (*Thecla W. album*) qui éclôt quelques jours auparavant, aime en général à se reposer sur le Marrube, dans les routes plantées d'ormes.

Vers la St-Jean l'Hespérie miroir (*Steropes aracin-thus*) commence d'éclore. Elle est commune dans les clairières ombragées de la forêt de Chantilly, principalement près des étangs de la Reine-Blanche, dans la forêt de Sénart, surtout dans le voisinage de la Faisanderie.

L'*Argynne phœbe* se trouve dans les mêmes forêts. Elle est commune au mont de Po, sur la hauteur qui domine la vallée de Lamorlaye, où nous l'avons souvent prise en compagnie des *Lycœna arion* et *œgon*, du *Syrichthus alveus*, etc.

La *Lycœna alsus*, qui paraît pour la première fois au moi de mai, reparaît pour la seconde en juillet. Assez rare aux environs de Paris, cette espèce est excessivement commune sur le versant des côteaux arides qui environnent Lardy. Elle n'est pas rare non plus dans certaines parties des forêts de Chantilly et de Fontainebleau.

Le Polyommate de l'acacia (*Thecla acaciæ*) vole dans les derniers jours de juin. La seule localité où on l'ait encore trouvée, en deçà de la Loire, est la forêt d'Orléans, où nous en avons pris plusieurs individus. Il vole autour des buissons de prunelliers.

Dans les derniers jours du mois de juin, l'Hespérie de la guimauve (*Syrichthus altheœ*) commence à paraître. Cette espèce, commune dans le centre et dans l'ouest de la France, ainsi que dans les pays de montagnes, est rare aux environs de Paris. Nous la prenons tous les ans dans la forêt de Sénart, principalement dans la route de Maupertuis, aux terres de Tigery. Elle se trouve aussi dans le bois de Ste-Geneviève, à Lardy, à Fontainebleau, etc.

La Callimorphe *dominula* aime les lieux humides. On la trouve communément dans les prairies marécageuses situées aux environs de la papeterie d'Essonne. Elle n'est pas rare non plus dans les bois du Désert, à une lieue de Versailles. On la trouve également près de Sévran, et en général dans les lieux aquatiques et un peu boisés.

L'*Emydia grammica* vole dès la fin de Juin dans les clairières arides des bois. Elle n'est pas rare au bois de Boulogne, ni dans les parties incultes de la Varenne de St-Maur.

La Lithosie *irrorea* affectionne les mêmes localités.

La Lithosie servante (*Lithosia ancilla*) aime en général les lieux obscurs.

La Lithosie *helveola*, beaucoup plus rare, ne se plaît que dans les parties marécageuses des bois. Nous l'avons prise quelquefois dans les clairières humides qui avoisinent l'Étang Vert, près de Châville.

Lorsqu'on frappera le tronc des arbres pendant une matinée sombre et froide, ou le matin de 4 à 7 heures, lorsque la journée doit être chaude et sereine, on en fera tomber plusieurs espèces intéressantes

8.

d'Hétérocères. Ainsi, dans les massifs humides où les ronces et les framboisiers croissent en abondance, on en fera tomber la Noctuelle *batis* qui paraît pour la seconde fois dans le passage du mois de juin au mois de juillet; nous l'avons prise plusieurs fois, avec sa congénère *derasa*, sur le tronc des châtaigniers, dans les taillis sombres qui avoisinent le Haras, près du carrefour de la Garenne, entre Clamart et Meudon. La *Cymatophora bipuncta* s'attache contre le tronc des mêmes arbres dans les mêmes localités. Sa congénère *fluctuosa*, qui a les mêmes mœurs, est beaucoup plus rare. Nous y avons trouvé abondamment la *Cleoceris viminalis*, dont la chenille vit sur le Saule marceau (*Salix capræa*), et quelquefois aussi, mais beaucoup plus rarement, l'*Orthosia congener*.

Le Bombyx v. noir (*Liparis v. nigrum*) éclot à la même époque dans les bois un peu humides. Le mâle vole quelquefois en plein jour; mais c'est principalement en battant le tronc des tilleuls qu'on peut se le procurer.

Le Bombyx du saule (*Liparis salicis*) est excessivement commun sur le tronc des saules et des peupliers.

L'*Hydrilla caliginosa* vole pendant le jour à l'approche du chasseur sur les longues graminées; elle n'est pas rare dans les clairières ombragées de la forêt de Sénart, ainsi que dans les bois de Fleury et de Sainte-Geneviève.

Les *Leucania comma* et *lythargiria* volent en plein jour, la première dans le voisinage des mares ou des étangs et en général dans les endroits dont le sol est tourbeux, la seconde dans les clairières des bois secs.

La *Boarmia lichenaria* s'attache contre le tronc des arbres revêtus de lichens. La *Melanthia albicillaria* vole dans les clairières humides dont la ronce et le framboisier forment la végétation. Elle n'est pas rare dans le voisinage des Haras, près de Meudon, ni dans celui de l'Étang Vert, près de Châville. La *Tephrosia crepuscularia* s'attache contre le tronc des arbres, dans les mêmes localités. Les *Cidaria elutaria* et *impluviaria* partent à l'approche du chasseur, lorsque celui-ci pénètre dans les bois fourrés. L'*Hemithea æstivaria* aime les clairières un peu découvertes, tandis que les *Cidaria russaria, immanaria, ribesiaria, undularia* et *vetularia* ne se plaisent guère que dans les parties humides et ombragées des bois.

Si le passage du mois de juin au mois de juillet est à la fois le moment le plus favorable pour prendre les grandes espèces de Rhopalocères, ainsi que la plupart des Phalénites, c'est aussi l'époque de l'éclosion d'une foule de Microlépidoptères, Pyralites, Crambites, Tineites, etc., dont l'énumération fatiguerait notre plume moins vite encore que l'attention du chasseur. Bornons-nous donc à lui signaler cette époque comme étant celle où son filet ne doit, pour ainsi dire, jamais se reposer.

Le passage du mois de juin au mois de juillet est encore marqué par l'éclosion de deux Polyommates. L'un est le Polyommate du chêne (*Thecla quercus*) dont la femelle, plus tardive que le mâle, n'éclot guère que dans le courant de juillet. Cette espèce est commune dans les clairières des bois arides et montueux. L'autre est le Polyommate alcon *(Lycœna alcon)*. Cette espèce est très peu répandue dans les environs de Paris. On la trouve quelquefois dans les clairières de la forêt de St-Germain, entre Maison Laffitte et l'Étoile de Conflans. Nous sommes, du reste, les premiers qui l'ayons découverte dans le rayon de la Faune Parisienne. Le 4 juillet 1830 nous la prîmes pour la première fois, en très grande quantité, dans les parties hautes de la forêt de Chantilly, entre Lamorlaye et le château de la Reine Blanche. Nous l'avons depuis retrouvée dans beaucoup de parties de la même forêt, surtout près d'Hérivaux.

La Procris du prunier *(P. pruni)* est commune dans les clairières de la même forêt où abondent les prunelliers, autour desquels elle aime à voltiger.

On la prend quelquefois aussi au bois de Boulogne.

La Melitée parthenie *(Melitæa parthenie)* éclot dans les premiers jours de juillet, quelquefois même dès le 20 juin si l'année a été précoce. Elle est très commune à l'extrémité de la route du Connétable, près le clos de la Table, dans la forêt de Chantilly, sur les hauteurs du Mont-de-Po, entre Chantilly et Lamorlaye, ainsi que dans plusieurs parties de la forêt de Fontainebleau.

A la même époque une charmante Phalène, l'*Ennomos parallelaria*, commence à paraître. Nous la prenons tous les ans, du 25 juin au 8 juillet, dans les clairières de la forêt de Sénart, notamment dans la route d'Etioles à la Faisanderie, dans celle de la Porte aux lièvres, et près du chêne d'Antin. Il faut frapper avec une canne les jeunes pousses de tremble pour la faire partir.

La *Fidonia auroraria* est commune dans les bois ombragés; l'*Aspilates vibicaria* vole au contraire dans les clairières arides; elle se trouve abondamment au bois de Boulogne.

La Zygène *Minos* éclot du 4 au 10 juillet; elle est commune dans plusieurs parties de la forêt de Fontainebleau, particulièrement dans la route ronde, près de la Belle-Croix et près de la croix du Grand-Maître. On la trouve encore plus fréquemment sur le versant des collines qui dominent Lardy, surtout

aux environs de la tour de Poquency, près d'Itteville, etc., etc. Elle se repose souvent, comme toutes ses congénères, sur les Scabieuses, les Centau-
rées, etc., etc.

Les Lithosies *quadra*, *complana*, *complanula*,
*mesomella*, sont communes dans les clairières des
bois; souvent les trois premières s'attachent contre
le tronc des arbres qui bordent les routes.

A la même époque on fera bien de frapper le
tronc des arbres dans les forêts montueuses et ombragées, pour en faire tomber la *Luperina scolopa-
cina*, cette espèce est rare à Paris; on la trouve
quelquefois dans les bois de Meudon, principalement près du Haras, et dans le voisinage de la fon-
taine d'Ursine.

C'est aussi le moment de l'éclosion du Bombyx
du hêtre *(Harpya fagi)*. On le trouve principalement dans les grandes forêts; il faut battre les taillis
sombres pour se le procurer.

La Phalène papilionaire (*Geometra papilionaria*)
se plaît dans les mêmes localités; elle vole quelquefois vers le soir aux approches du chasseur. Il en est
de même de l'Angérone du prunier (*Angerona pru-
naria*). La forêt de Bondy est une excellente localité
pour les trois espèces que nous venons de signaler.

Vers le 8 ou 10 de juillet, quelquefois même plus
tôt selon que l'année a été plus ou moins précoce,

le Satyre agreste (*Satyrus semele*) vole dans les bois arides. Il est extrêmement commun à Lardy, à Fontainebleau, à Sénart, etc., ainsi que dans la forêt du Vaisinet. Nous l'avons même observé quelquefois sur les boulevards extérieurs, particulièrement aux environs du parc de Monceau.

La forêt de Fontainebleau est, aux environs de Paris, le domaine exclusif du Satyre sylvandre (*Satyrus hermione*), très commun dans tout le midi et dans certaines parties du centre et de l'est de la France. Il aime à se reposer contre le tronc des chênes, des bouleaux, etc. Il s'abat même sur la poussière des routes et vole souvent en compagnie du *S. semele*.

Le Satyre *Phœdra* est très commun à la même époque dans les clairières de la forêt d'Orléans.

Nous ne devons point parler ici des Satyres *mœra* et *megœra*, qui éclosent pour la première fois au mois de mai et qui reparaissent ensuite en juillet et août. Ce sont des espèces trop communes pour qu'il soit nécessaire d'en faire mention 1 ).

Du 10 au 15 juillet, la Zygène du sainfoin (*Zygœna onobrychis*) commence à paraître. Cette charmante espèce était jadis très commune dans les en-

(1) L'*Hesperia actœon*, que l'on a cru si longtemps étrangère aux environs de Paris, vole à la même époque assez fréquemment sur les collines incultes de Lardy.

virons de Sèvres et sur les hauts talus qui dominent la berge du canal de l'Ourcq, près du pont de Sévran ; mais on l'y chercherait inutilement aujourd'hui. En revanche, elle est très répandue sur les côteaux arides qui dominent Lardy (notamment dans la partie gauche du chemin de fer en venant de Paris), près d'Itteville et dans les environs de la ferme de Poquency où nous l'avons découverte il y a trois ans.

A la même époque et dans les mêmes localités, on trouve en très grande quantité la Zygène de l'Hippocrèpe (*Zygæna hippocrepidis*). Celle du Peucédan (*Zygæna peucedani*) est extrêmement commune dans le bois de Vincennes, près de la porte de Charenton.

Un peu plus tardive que ses congénères, la Zygène de la bruyère (*Zygæna fausta*) paraît ordinairement du 15 au 20 juillet. Elle est excessivement commune sur la côte des Mauduyts, près de Mantes, à un quart de lieue de la station du chemin de fer. Elle n'est pas rare non plus sur le versant des côteaux arides qui dominent Lardy des deux côtés du chemin de fer. Nous l'avons souvent prise en compagnie de la *Minos*, de l'*Hippocrepidis*, de l'*Onobrychis* et de la *Peucedani*, sur les mamelons arides situés entre Bouret et Itteville, près de la ferme de Poquency, etc., etc.

La Sésie cynipiforme (*Sesia cynipiformis*) éclot à la même époque; nous l'avons prise quelquefois à Vincennes, ainsi que la tenthrédiniforme. Cette dernière se repose de préférence sur le tithymale à feuilles de cyprès (*Euphorbia cyparissias*).

Parmi les Hétérocères, la jolie Noctuelle du myrtille (*Anarta myrtilli*) éclot également du 15 au 20 juillet. Elle est très commune dans les bruyères de la partie haute du bois de Meudon, en face de l'étang de Villebon, ainsi que dans celles de la partie des bois de Clamart située au-dessus du carrefour de la Garenne.

L'*Emydea cribrum* se trouve aussi, mais beaucoup plus rarement, dans les mêmes localités.

On fera bien d'examiner l'intérieur des barrières qui bordent les allées des bois réservés pour la chasse. Souvent les jointures de ces barrières servent de retraite à certains Nocturnes, tels que l'*Amphipyra pyramidea*, la *Scotophila tragopogonis*, etc.

Du 20 au 25 juillet, le Polyommate *Amyntas* éclot dans les parties arides des bois. Il est commun aux environs de Melun, de Montargis, etc. Nous l'avons pris quelquefois, mais très rarement, dans les bruyères du bois de Meudon.

Le Polyommate *argus* est commun dans certaines parties de la forêt de Fontainebleau, près de la Belle-Croix, à la Fosse à Bateau, etc. Il se trouve

9

aussi quelquefois, mais rarement, dans le bois de Vincennes, en compagnie du *Lycœna œgon*, qui est très commun sur la terrasse, entre Charenton et Saint-Maur.

La fin de juillet voit reparaître le *Papilio poda-lirius*, la Nymphale *camilla*, la *Lycœna hylas*, la Piéride *daplidice*, le *Syrichthus sao* et plusieurs autres espèces qui éclosent pour la première fois au printemps.

La Vanesse Carte géographique brune *(Vanessa prorsa)* éclot à la fin de juillet, dans les mêmes localités que nous avons indiquées pour sa congénère *Levana*, qui n'en est qu'une variété printanière.

C'est aussi le moment de l'apparition du Polyommate corydon. La femelle de ce Polyommate, ordinairement noirâtre, passe souvent au bleu-cendré. Cette dernière variété est très commune dans les garennes situées au-dessus de Limay, près de Saint-Sauveur, à trois quarts de lieue de Mantes, sur toutes les collines qui dominent Lardy, et dans les clairières de la forêt de Fontainebleau.

C'est encore dans les derniers jours de juillet qu'il convient de chercher la *Bryophila algœ*, les *Cosmia diffinis* et *affinis*, contre le tronc des arbres qui bordent les routes.

L'Ecaille *hera* éclot pendant la canicule. Elle était jadis très commune au bois de Boulogne. On ne la rencontre maintenant que de loin en loin dans les environs de Paris. Elle n'est pas rare dans les bois du Désert, près de Versailles, à Lardy, à Fontainebleau, etc.

L'*Heliothis dipsacea*, les *Acontia solaris* et *luctuosa*, l'*Erastria sulphurea*, volent à la même époque dans les lieux arides, principalement dans les champs de luzerne situés près des bois.

Le *Cossus ligniperda* paraît depuis le 25 juin jusqu'au 10 août ; mais c'est vers la fin de juillet qu'il éclot le plus communément. On le trouve souvent posé contre le tronc des ormes qui bordent les routes.

Nous avons fait exprès de passer sous silence les espèces vulgaires, telles que les Vanesses communes, le Satyre *tithonus*, la *Plusia gamma*, etc., et plusieurs Phalénites, que l'amateur le plus novice est sûr de rencontrer partout où il adressera ses pas.

Pour en finir avec les espèces qui paraissent au mois de juillet, bornons-nous à signaler la belle Vanesse morio (*Vanessa antiopa*). Cette espèce assez rare aux environs de Paris, est très commune dans certaines parties de la forêt de Fontainebleau. Comme la chenille vit principalement sur le bouleau, c'est dans les lieux plantés de ces arbres qu'il convient de chercher le papillon.

Vers les premiers jours d'août, le Polyommate acis *(Lycæna acis)* vole dans les prés humides; il est très commun dans les prairies qui avoisinent le lavoir d'Aulnay, dans celles d'Arcueil, de Gentilly, etc.

Le Polyommate du bouleau (*Thecla betulæ*) vole principalement dans les jardins et sur les lisières des bois. Nous l'avons pris plusieurs fois à l'entrée de la forêt de Sénart, près de Soisy sous Etioles. Il n'est pas rare dans les jardins fruitiers de la capitale.

Si l'on visite à cette époque les parapets des quais, des ponts, etc., on y trouvera les *Bryophila perla* et *glandifera*, ainsi que la variété *Par*, qui a été regardée à tort, pendant bien longtemps, comme une espèce distincte, propre au midi de la France. Les deux Bryophiles dont nous venons de parler, sont très communes sur les parapets qui bordent les quais entre le pont des Invalides et le pont de Grenelle.

Si l'on frappe les arbres dans les taillis de chênes et de bouleaux, on y retrouvera les Notodontes *dictæoides, dromedarius,* les *Platypterix falcula, lacertula,* les *Acronycta leporina* et *auricoma* et plusieurs autres Noctuélites du printemps.

La Noctuelle cythérée *(Cerigo cytherea)* éclot dès le commencement d'août. Elle n'est pas rare

dans les bois secs et sablonneux ; elle aime à se reposer contre les arbres entourés d'épines qui bordent
les routes. On la trouve aussi volant en plein jour,
sur les chardons et dans les luzernes. Nous l'avons
prise assez souvent dans les bois de Boulogne et de
Vincennes.

Le Satyre *fauna* éclot entre le 5 et le 10 août. Il
est très commun dans les allées de la forêt de Sénart ; on le trouve aussi dans la forêt de Fontainebleau, dans celle du Vaisinet, dans les parties hautes
des bois de Clamart et quelquefois aussi au bois de
Boulogne.

Le Satyre hermite *(Satyrus briseis)* est un peu
plus tardif. Il se montre principalement vers le 10
août. Il est commun sur les hauteurs de Lardy,
principalement dans la partie droite du chemin de
fer en venant de Paris. Nous l'avons pris aussi sur
la côte des Mauduyts, près de Mantes, dans les environs de Ponthierry, et dans le parc de Gurcy
(Seine-et-Marne).

Le Satyre petit agreste *(Satyrus arethusa)* paraît
d'ordinaire dans la première quinzaine d'août ; sa
femelle est un peu plus tardive. Il est très commun
dans les clairières arides situées en face de la tour
du pâté de Lardy, à quelques minutes de distance
de la station du chemin de fer. On le trouve aussi
très abondamment dans plusieurs parties de la forêt

9.

de Fontainebleau, notamment dans la plaine des pins, sur la route de Bouron; nous l'avons pris également au Mont-de-Po, dans la forêt de Chantilly. Il se trouve aussi, mais très rarement, dans les forêts de Sénart et du Vaisinet. Il était jadis très commun dans la varenne de St-Maur, mais depuis les défrichemens il semble avoir entièrement disparu de cette localité.

L'Hespérie *comma* paraît à la même époque et se trouve en général dans les mêmes localités que le Satyre *arethusa*.

Le *Syrichthus cirsii* est beaucoup plus rare. Nous en avons pris l'an dernier plusieurs individus à Lardy, dans la localité que nous venons d'indiquer pour le Satyre aréthuse. Le *S. cirsii* se trouve aussi dans plusieurs parties de la forêt de Fontainebleau, dans la vallée de la Solle, dans la plaine des pins, etc. Nous croyons que cette espèce est celle que Godart a représentée sous le nom de *fritillum*.

C'est dans la première quinzaine d'août qu'il convient de chercher les *Eubolia bipunctaria* et *mæniaria*, la *Larentia aquaria*, la *Fidonia plumaria*, etc. La première vole dans tous les lieux arides, la seconde aime le voisinage des rochers. Nous l'avons prise dans la forêt de Fontainebleau, sur les hauteurs de Lardy, sur la côte des Mauduyts, près de Mantes, et dans les parties arides de la forêt de

Chantilly. L'*Aquaria* n'est pas rare dans la forêt de Fontainebleau, principalement dans la vallée de la Solle et dans la plaine des pins. Elle recherche le voisinage des génévriers. La *Plumaria* est très abondante dans les bruyères situées à mi-côte des mamelons arides qui couronnent la plaine des pins. Si l'on examine le tronc des peupliers qui bordent la route de Fontainebleau à Bouron, on pourra y rencontrer l'*Amphipyra cinnamomea*.

La *Sthanelia hippocastanaria* vole abondamment dans les bruyères à Fontainebleau, à Meudon, etc.

La Noctuelle porte-pieus *(Agrotis valligera)* était commune autrefois, depuis le 5 jusqu'au 20 août, dans la varenne de St-Maur. Elle en a disparu par la même cause que le Satyre aréthuse. On la trouve très rarement dans les luzernes qui avoisinent certains bois arides.

Les Aspilates *gilvaria* et *citraria* sont communes dans les lieux secs et stériles. Nous les avons prises plusieurs fois dans la forêt de Fontainebleau, dans celle du Vaisinet, sur la côte des Mauduyts, etc., etc.

La Lichénée bleue *(Catocala fraxini)* paraît depuis le 10 août jusque dans les premiers jours de septembre. Elle est commune à Fontainebleau; nous en avons trouvé presque aux portes de cette ville, sur la route de Paris, un grand nombre d'individus. Elle s'applique contre le tronc des arbres, principalement contre celui des trembles et des peupliers. On la rencontre aussi sur le tronc des peupliers qui environnent la pièce d'eau des Suisses à Versailles, et sur le bord des arbres qui bordent la berge du canal de l'Ourcq dans la forêt de Bondy.

Avant de passer au mois de septembre, nous devons parler de quelques espèces de Lépidoptères qui paraissent pendant tout le mois d'août. Ce sont les Coliades soufre et souci (*Colias hyale* et *edusa*). La première est extrêmement commune dans tous les champs de luzerne qui environnent la capitale ; la seconde est plus rare et aime en général les prairies élevées.

Le mois d'août voit éclore un grand nombre d'espèces communes du genre *Agrotis*. Telles sont les *Agrotis tritici, fumosa, aquilina,* etc. Ces espèces sont abondantes dans les champs de luzerne qui avoisinent les bois. C'est principalement l'heure du crépuscule qu'elles choisissent pour voler.

Enfin, si l'on frappe les bouleaux dans les grandes forêts pendant le mois d'août, on en fera tomber quelquefois, mais rarement, la *Cosmia fulvago*.

Si l'on visite le pied des ormes qui bordent les routes, les boulevards, on y trouvera de temps en temps la *Luperina testacea*, et quelquefois aussi, mais beaucoup plus rarement, la *Luperina Dumerili*.

. Vers les premiers jours du mois de septembre,

le Polyommate strié (*Lycæna bœtica*) commence à
paraître (1). Il est commun dans les parcs où l'on
cultive le baguenaudier (*Colutea arborea*), particulièrement aux environs de Fontainebleau et de
Rambouillet. Nous l'avons pris quelquefois volti-
geant autour des baguenaudiers de l'École botanique, au Jardin des plantes.

Si l'on frappe les peupliers et surtout les trembles,
on en fera tomber la *Xanthia cerago*. Cette espèce
n'est pas rare dans la forêt de Bondy.

La *Xanthia citrago* vit exclusivement sur le tilleul. Il convient de battre le tronc de ces arbres si
l'on veut se procurer cet insecte.

L'*Hoporina croceago* habite de préférence les taillis de chênes et de bouleaux. Les *Xanthia rufina* et
*ferruginea* ont à peu près les mêmes mœurs.

Les *Ennomos alniaria* et *lunaria* se trouvent principalement sur le tronc des arbres qui bordent les
routes.

La *Cidaria achatinaria* aime les endroits marécageux; on la trouve dans les parties humides des
bois, à Meudon, Bondy, etc. Nous l'avons prise
quelquefois dans les oseraies, le long du canal Saint-
Martin, près de Saint-Denis.

(1) Il y a des années où ce Polyommate commence à paraître
dès les derniers jours de juillet.

Vers le 20 septembre, la *Xanthia gilvago* et sa variété *palleago* commencent à éclore. On les trouve toutes deux en grande abondance au bas des murs qui forment l'enceinte de Paris, sur les boulevards extérieurs, surtout entre la barrière du Trône et le cimetière du père Lachaise.

A la même époque, si l'on frappe le tronc des pins dans le bois de Boulogne, principalement dans les environs du Rond royal, on en fera partir la *Cidaria simularia*, qui éclot pour la première fois à la fin de mai, pour reparaître ensuite plus abondamment en septembre.

Dans le passage du mois de septembre au mois d'octobre, la *Leucania L-album* et la *Cerastis satellitia* éclosent; on les trouve pour la plupart du temps appliquées contre le tronc des ormes qui bordent les boulevards, les routes, etc.

La *Luperina atriplicis* reparaît à la même époque dans les mêmes localités que nous avons indiquées à l'article du mois de mai.

C'est aussi le moment de l'éclosion d'une belle espèce du genre *Gortyna*, décrite par nous dans les *Annales de la Société entomologique de France* sous le nom de *Gortyna Borelii*. Cette espèce qui ne diffère de la *lunata* de Constantinople que par une taille plus petite et une couleur moins foncée, paraît être fort rare dans nos environs. Elle n'a été jusqu'à présent trouvée que par feu Borel à qui nous l'avons dédiée, dans les parties humides des bois de Fleury et de Sainte-Geneviève.

Vers les premiers jours d'octobre l'*Agriopis aprilina* commence à paraître. On la trouve souvent sur le tronc des gros chênes exposés au midi. Nous l'avons prise fréquemment dans les bois de Clamart et dans la forêt de Saint-Germain. On la fait tomber également en battant les taillis.

La Noctuelle protée (*Hadena protea*) s'applique contre le tronc des mêmes arbres. Nous l'avons prise souvent au bois de Boulogne appliquée contre le tronc des jeunes ormes qui bordent les allées.

La *Xanthia silago* éclot à la même époque et se trouve dans les mêmes localités que les deux espèces que nous venons de signaler. On fera bien de la chercher dans le voisinage des saules marceaux, arbre dont les châtons servent de nourriture à la chenille de cette *Xanthia*.

L'*Orthosia pistacina* se tient particulièrement au bas des arbres qui bordent les routes. Nous l'avons prise fréquemment sur la route de la Révolte, entre la porte Maillot et Saint-Ouen.

Les *Cerastis vaccinii, polita, erythrocephala*, et sa variété *glabra*, habitent de préférence l'intérieur des massifs. On les trouve assez souvent posées sur les feuilles sèches, au moment où elles viennent d'éclore.

La *Xylina rhizolitha* est commune dans les taillis de chênes ; la *Xylina oculata* est beaucoup plus rare et se trouve dans les mêmes endroits.

L'*Himera pennaria* est commune dans l'intérieur des massifs ; on la trouve aussi le long des arbres qui bordent les routes.

Les *Cidaria psittacaria* et *coraciaria* éclosent vers le 10 octobre. On les trouve de temps en temps dans les bois verts ; nous les avons prises quelquefois sur le tronc des pins qui bordent certaines allées du bois de Boulogne.

Dans les premiers jours du mois d'octobre une charmante Phalénite vole en abondance sur le genêt à balai, dans les bois sablonneux. Nous l'avons prise eu grande quantité au bois de Boulogne, dans les environs du Rond Mortemart, dans les clairières à droite de l'allée Molière, entre la porte d'Auteuil et la porte des Princes. . . . . . . . . . . . . . . . .

Dans les derniers jours d'octobre, la *Larentia dilutaria* se montre en grande abondance dans tous les taillis de chênes. L'*Autumnaria*, plus rare, habite presque exclusivement le tronc des bouleaux.

A cette époque, si le temps est beau, il faut chercher le Bombyx des buissons (*Bombyx dumeti*). Cette espèce, aussi rare que belle, est très difficile à prendre. Le mâle vole en plein jour depuis 10 heures jusqu'à 1 heure avec une telle rapidité qu'il est presque impossible de le saisir. Le bois de Boulogne est, aux environs de Paris, la localité où on a le plus de chance de le rencontrer. Les allées et les clairières situées entre Auteuil et le Rond Montemart sont les endroits qu'il affectionne le plus. La femelle reste cachée pendant le jour dans les buissons.

Les *Polia chi* et *flavicincta* éclosent à la fin d'octobre et dans le commencement de novembre. On les trouve souvent sur le tronc des arbres qui bordent les routes.

L'*Asteroscopus cassinia* était commun il y a quelques années, au commencement de novembre, sur le tronc des ormes de nos boulevards; mais depuis que ces arbres ont été remblayés, cette espèce et beaucoup d'autres Noctuélites semblent avoir presque entièrement disparu de cette localité.

Les *Hibernia aurantiaria* et *defoliaria* éclosent dans les dix premiers jours du mois de novembre. Elles sont communes dans les taillis de tous les bois des environs de Paris.

L'*Hibernia aceraria*, plus tardive, éclot un peu plus tard et dure jusqu'à la fin de novembre, en même temps que les *Hibernia bajaria* et *rupicapraria*.

Nous n'avons pas besoin de faire remarquer à nos lecteurs que les lignes qu'on vient de lire étant exclusivement destinées aux jeunes *Lépidoptérophiles*, ne devaient nécessairement contenir que *des observations* et *des conseils*.

Ce petit traité n'est donc, à proprement parler, que les premiers élémens pratiques d'une étude que quelques ouvrages modernes ont élevée à la hauteur des principales branches de la zoologie. Une fois en possession de ces élémens l'*amateur* devra mettre de côté cet opuscule, pour ne puiser désormais qu'aux véritables sources de la science. Nous voulons parler des ouvrages de Godart et Duponchel, de ceux de M. Boisduval, et surtout des excellents mémoires publiés dans les Annales de la société entomologique de France, par M. A. Guénée de Châteaudun.

## MANIÈRE DE PRÉPARER ET DE CONSERVER LES PAPILLONS.

Les amateurs de Lépidoptères sont dans l'usage d'étaler les papillons qu'ils ont pris dans leurs chasses, ou ceux qu'ils ont reçus de leurs correspondants, afin de donner à ces insectes le port et l'attitude qu'ils devront conserver dans les boîtes de collections ; mais ici, trois circonstances différentes peuvent se présenter : 1°, ou les papillons pris à la chasse auront, quoique ne donnant plus aucun signe de vie, conservé néanmoins assez de souplesse pour qu'on puisse les manier comme s'ils étaient vivants ; dans ce cas on pourra procéder de suite à la préparation ; 2° ou ces insectes seront déjà desséchés ; alors, il sera nécessaire de les faire ramollir pour leur rendre le degré de flexibilité qu'ils auront perdu ; 3° ou ils seront encore vivants, et alors il faudra s'empresser de les faire mourir, de crainte qu'ils n'abîment leurs ailes par les efforts qu'ils feraient pour se dégager des *étaloirs*.

Pour faire ramollir les papillons, on les pique comme les Coléoptères (première partie, page 32), sur du grès mouillé, au fond d'un vase qui ferme hermétiquement. Observons seulement qu'il est des espèces de Lépidoptères chez lesquelles les nervures des ailes sont si épaisses, que le ramollissement ne peut avoir lieu parfois qu'au bout de vingt-quatre et même de trente-six heures.

Il y a plusieurs moyens de faire mourir les Lépidoptères, le premier consiste à leur enfoncer longitudinalement, en dessous de la tête, une aiguille ou une épingle, après l'avoir préalablement trempée dans une solution de savon arsenical ou de tabac à fumer délayé dans de l'esprit de vin.

Ce moyen réussit parfaitement pour faire mourir la plupart des Lépidoptères ; mais il est insuffisant

pour les Sphinx et les Bombycites, et en général
pour les grosses espèces qui ont la vie dure. Il faut
donc, dans ce cas, recourir à une autre méthode,
qui consiste à leur enfoncer, toujours en dessous de
la tête, et dans le sens longitudinal, mais seulement à une profondeur de 3 à 4 lignes au plus,
une épingle longue de 22 à 24 lignes (1); cela fait,
on tiendra le papillon par le dessous du corselet,
entre le pouce et les deux premiers doigts de la
main, de manière à ce qu'il ne puisse faire le moin-
dre mouvement; après on fera rougir au feu d'une
chandelle toute la partie supérieure de la longue
épingle dont nous venons de parler. La chaleur ne
tardera pas à se communiquer à la partie inférieure
de l'épingle, et le papillon, en moins d'une ou
deux minutes, sera asphyxié (2).

Voici maintenant la manière dont on doit étaler
les papillons : « on se servira d'abord de planchettes
« en bois tendre, au milieu desquelles on fera creu-
« ser et garnir dans le fond d'une petite bande de

(1) Nous recommandons l'usage des longues épingles, parce
que si l'on se servait d'épingles plus courtes, les antennes du papillon risqueraient, en se débattant, de se brûler au contact im-
médiat de la chandelle.

(2) Il est inutile d'ajouter que dans ce second cas, comme dans
le premier, une fois que l'insecte sera mort, l'épingle qui aura
servi à le faire mourir devra être immédiatement retirée de son
corps.

« liège ou d'agavé , une raînure profonde au moins
« de huit lignes , mais large en proportion de
« la grosseur du corps des individus qu'on veut
« développer. Ces planches devront former un peu
« le talus de chaque côté de la raînure , et leur sur-
« face devra être bien égale , dans toute la longueur
« de l'étaloir. On enfoncera , dans le milieu de la
« raînure , et perpendiculairement à celle-ci , l'é-
« pingle qui traverse le corselet du papillon ; puis
« on attachera , par son extrémité antérieure , à
« l'aide d'aiguilles à tête de cire ou d'émail , une
« bande de papier , de façon qu'elle n'empêche pas
« l'aile supérieure de monter aussi haut qu'il est
« nécessaire ; on fait mouvoir cette aile en la pre-
« nant légèrement au-dessous de la principale ner-
« vure avec la pointe d'une aiguille emmanchée
« d'un petit bâton ; et pour que cette aile ne se
« dérange pas , on appuie la bande dessus avec l'in-
« dex de la main gauche ; on place ensuite l'aile
« inférieure et on la retient en position , en pesant
« de la même manière sur l'extrémité postérieure de
« la bande que l'on arrête avec une seconde épingle
« On fait la même chose pour les deux ailes du côté
« opposé (1). »

(1) Nous avons encore emprunté à Godart cette description
aussi exacte que concise.

10.

On devra laisser les papillons sur les étaloirs tout le temps qui sera nécessaire pour que les ailes puissent sécher. Il faut au moins trois semaines pour opérer la dessication complète des Sphinx, des gros Bombyx, etc. ; quinze jours suffisent en général pour les autres Lépidoptères. Les individus qu'on aura fait ramollir sécheront beaucoup plus vite que ceux qui auront été étalés sur le vif. On pourra les retirer de l'étaloir au bout d'une semaine.

Les corps de beaucoup de papillons, et particulièrement ceux des Bombycites et de certaines noctuélites tournent au gras. Le meilleur remède, en pareille circonstance, est d'enduire, à l'aide d'un léger pinceau, toutes les parties grasses, avec de l'*essence de citron* (1) ou de l'*essence de térébenthine* bien rectifiée ; après quoi, toutes les parties imbibées ainsi seront recouvertes de terre de sommières ; vingt-quatre ou quarante-huit heures après, on frottera, à l'aide d'un pinceau sec, le papillon que cette opération aura fait revenir à son état naturel. Nous ajouterons cependant qu'il y a des espèces tellement sujettes à la graisse, que l'on est obligé, au bout de quelques mois, de les dégraisser de nouveau.

(1) *L'éther sulfurique* peut également servir à cet usage, mais il opère plus lentement.

Si les antennes, le corps ou les ailes d'un papillon viennent à se couvrir de moisissure, on enlèvera celle-ci au moyen d'un pinceau qu'on aura trempé dans l'alcool ou esprit de vin rectifié.

Dans le cas où les antennes, les pattes ou le corps des papillons viendraient à se briser, on les rattachera avec de la gomme arabique qu'on aura fait dissoudre dans quelques gouttes d'eau, et à laquelle on aura soin d'ajouter un peu de vernis blanc.

Pour prévenir les ravages que la teigne, les larves des Dermestes, et celles des anthrènes occasionnent dans les collections, il faudra avoir soin 1° de placer le meuble qui renfermera les tiroirs ou les boîtes dans un appartement sec, et s'il est possible, exposé au nord (1); 2° d'ouvrir, pendant une ou deux minutes, toutes les boîtes de sa collection, au moins une fois tous les mois, et si cela est possible, tous les quinze jours; 3° de frapper doucement et dans divers sens, les parois latérales des boîtes, afin de rassembler, dans un de leurs angles, les molécules de poussière qui tendent toujours à

_____

(1) On comprendra facilement l'utilité de cette double recommandation; car si l'*humidité* engendre la moisissure dans les collections, la chaleur du soleil ne leur est pas moins nuisible, en favorisant le développement des anthrènes, des teignes et autres agens destructeurs.

se dégager du corps des papillons , on ôtera ensuite cette poussière à l'aide d'un pinceau.

Nous insisterons sur ce qu'on mette rigoureusement en pratique les *moyens préservatifs* que nous venons d'indiquer ; et nous ne cesserons de recommander à nos lecteurs de ne jamais perdre de vue cet aphorisme entomologique, à savoir : que la propreté est l'hygiène des collections. Quant aux moyens curatifs , ils se réduisent à un seul : c'est de plonger les boîtes qui renferment des insectes attaqués, dans une sorte d'étuve en cuivre , appelée *necrentôme* (2) , dans laquelle on produit , à l'aide de la vapeur , une chaleur de plus de cent degrés ; mais cet appareil , qui détruit en effet tous les corps vivants , dénature en même temps les ailes des papillons , soit en les fripant , soit en les faisant fléchir ; quelquefois même il altère les couleurs de certaines espèces ; nous pouvons donc assurer hardiment , d'après notre propre expérience , qu'il en est de ce remède héroïque comme de tant d'autres du même genre qui , pour un ou deux malades qu'ils guérissent par hasard , tuent , en revanche , une

(2) On trouvera la description du *necrentôme* dans le *Manuel du naturaliste préparateur* , à la librairie encyclopédique de M. Roret, rue Hautefeuille , n. 10 , éditeur bien connu des entomologistes les plus estimés.

infinité de gens qui se portaient bien. Partant de ce principe, nous ne conseillerons à personne de recourir à cette médecine agissante, si ce n'est dans les cas désespérés (1).

## PRÉPARATION ET CONSERVATION DES CHENILLES (2).

Nous ne terminerons pas cet opuscule sans dire quelques mots sur la manière de préparer et de conserver les chenilles dans les collections, et c'est ici l'occasion de recommander aux jeunes amateurs de ne point négliger l'étude des chenilles, qui est si importante en entomologie. Quelquefois en effet ce n'est qu'au moyen des larves qu'on peut déterminer d'une manière positive certaines espèces, et, dans la pratique, c'est en élevant les chenilles, qu'on se procurera les papillons les plus frais et les plus rares, ainsi qu'un grand nombre d'espèces qu'on ne rencontre presque jamais à l'état d'insecte parfait.

Pour étudier les chenilles à son aise, pour recon-

(1) Par exemple, lorsqu'on achète de ces vieilles collections où chaque individu, pour ainsi dire, recèle une larve d'anthrène ou de dermeste.

(2) C'est à l'obligeance de M. Bellier de la Chavignerie que nous devons ce qui est dit dans ce chapitre.

naître celles qu'on a déjà une fois trouvées, il est
bon de pouvoir les conserver afin de les avoir sans
cesse sous les yeux : Plusieurs méthodes sont em-
ployées à cet effet.

La première manière de conserver les chenilles
n'exige aucune préparation préalable, elle consiste
à les enfermer dans des petits tubes de verre remplis d'alcool très étendu avec de l'eau distillée, et
bouchés bien hermétiquement ; mais avant de plonger ainsi les chenilles dans les fioles d'esprit de vin
où elles doivent définitivement demeurer, il faut
avoir soin de les laisser séjourner quelques heures
dans d'autre alcool où elles puissent dégorger les
matières âcres et colorantes dont elles se débarras-
sent pendant leur agonie.

L'esprit de vin, du reste, quelque faible qu'il soit,
a l'inconvénient d'altérer au bout d'un temps plus
ou moins long, les couleurs des chenilles, on ferait
donc bien de lui substituer la liqueur suivante dont
nous empruntons la recette au *Manuel du naturaliste
préparateur*, publié par M. Roret.

| | |
|---|---|
| Esprit de vin............. | 12 onces. |
| Eau distillée............. | 1 livre. |
| Sublimé corrosif... ...... | 2 gros. |
| Alun calciné. ........... | 3 onces. |

La seconde méthode consiste à injecter dans les

chenilles, avec une très petite seringue, après les avoir vidées, un mélange de cire colorée fondue avec de l'essence de térébenthine,

« Au lieu d'injecter, dit M. Boitard dans le ma-
» nuel que nous avons déjà cité, on peut remplir le
» corps de la chenille avec du coton haché très-
» menu, dans lequel on met un peu d'arsenic et
» d'alun calciné réduits en poudre. »

Mais ce n'est que pour mémoire que nous parlons de ces diverses méthodes, dont l'emploi est long et difficile et dont les résultats sont loin souvent d'atteindre le but qu'on se propose.

Celle que nous avons adoptée définitivement, après avoir essayé de toutes les autres, et dont nous avons été le plus satisfait, est la vieille méthode d'insufflation sur laquelle nous nous étendrons un peu plus longuement bien qu'elle soit mentionnée et fort bien expliquée par plusieurs auteurs.

Voici de quelle manière on devra procéder pour souffler les chenilles qu'on désirera conserver dans sa collection :

On commencera par vider entièrement la chenille en la pressant entre le pouce et l'index et en faisant sortir avec soin par l'extrémité de l'abdomen tous les intestins et viscères. Lorsque le corps de la chenille ne contiendra plus rien, ce dont il sera facile de s'assurer en voyant si la peau est bien transparente, on introduira dans l'anus un tube de paille proportionné à la grosseur de la chenille, et on le fixera à la peau, soit avec un fil, soit, ce qui est préférable, avec une épingle très fine : on allumera ensuite du charbon de bois dans un réchaud, et quand le charbon sera bien incandescent on placera au-dessus un vase en tôle de forme concave ou une simple plaque de tôle extrêmement mince : la tôle ne tardera pas à s'échauffer et à dégager une grande quantité de calorique ; c'est alors qu'il faudra souffler la chenille en la tenant à quelques centimètres au-dessus de la tôle et en roulant le tuyau de paille dans ses doigts pendant qu'on soufflera, afin que la chenille sèche également de tous les côtés. Dans l'espace de deux ou trois minutes, selon la grosseur de la chenille, l'air chaud qui se dégage sans cesse de la tôle aura entièrement retiré de la peau toute l'humidité qu'elle contenait, et la chenille aura conservé la forme qu'on lui aura donnée pendant l'opération. On saura que le travail sera terminé lorsqu'en pressant légèrement la chenille entre les doigts, on sentira que la peau sera suffisamment tendue. Quand on sera obligé de s'arrêter pour reprendre haleine pendant qu'on soufflera la chenille, il faudra avoir soin de la retirer du feu, car si on la laissait quelques secondes seulement dans l'air chaud sans la souffler, la peau prendrait un mauvais pli qu'on ne pourrait plus faire revenir. La chenille étant préparée, il ne restera plus qu'à retirer la paille ou à la couper et à traverser l'insecte de part en part avec une épingle, à moins qu'on ne préfère le fixer avec de la gomme dissoute dans l'eau, sur un petit morceau de liége ou de moelle de sureau.

Le choix des chenilles qu'on veut ainsi conserver en les soufflant doit être fait avec quelque discernement; ainsi les chenilles velues, telles que celles des Ecailles et de certains Bombyx ( B. *cratægi, quercus, pruni, trifolii, auriflua,* etc., etc.) devront être tuées peu de temps après le dernier changement de peau : sans cette précaution, les poils se détacheraient du corps pendant qu'on pressurerait la chenille pour la vider, et on n'aurait dans sa collection que des sujets incomplets et méconnaissables. Il faut aussi, autant que possible, faire choix d'individus bien sains, car lorsqu'une chenille est ichneumonée, outre qu'on risque de crever la peau en la vidant, les piqûres d'ichneumons laissent de petits trous par lesquels l'air s'échappe, ce qui fait souvent manquer l'opération. Enfin, il ne faut pas vouloir souffler une chenille pendant qu'elle mue, état qu'on reconnaît facilement au gonflement des anneaux et à la tension de la tête, parce que dans ce moment la chenille perd ordinairement sa forme et la vivacité de ses couleurs.

Une dernière observation qui s'applique à toutes les collections entomologiques en général, mais bien plus spécialement à celle des chenilles, c'est de tenir ses boîtes dans un lieu bien sec. Si l'humidité venait à pénétrer dans les cartons, les chenilles soufflées qu'ils renfermeraient se déformeraient immédiatement et la collection serait détruite; car les chenilles perdraient bien vite cette apparence de vie qu'on parvient à leur donner, avec l'habitude, quand on les prépare par la méthode d'insufflation que nous venons d'expliquer.

# TABLE DES MATIÈRES.

# CATALOGUE

*Des ustensiles indiqués dans ce traité, que l'on trouvera tout préparés chez* DEYROLLE, *naturaliste, rue de la Monnaie, nº 19, à Paris.*

## Pour les Coléoptères.

## Pour les Lépidoptères.

Épingles d'Allemagne, n° 1 à 8, de 35 ou de 42 millim., le mille   3  »

Épingles de France, n° 1, de 16 ou 18 lignes, le mille.......  2  50

—    —    2, de 16 ou 18 lignes, le mille.......  2  »

—    —    3 à 8, de 16 ou 18 lignes, le mille....  1  50

—    —    9, de 18 ou 21 lignes, le mille.......  2  50

Camions pour étiquettes, le mille......................  »  60

Paillettes de Micas pour y coller les petits insectes, le cent....  1  »

Étaloirs pour papillons, de huit grandeurs, à.............  1  »

Carton liégé, longueur, 25 cent. 1/4, largeur, 19 cent. 1/2,

      profondeur, 6 cent................... ....  2 »

—    même grandeur dessus vitré...............  2  25

—    long., 39 cent., larg., 25 cent. 1/4, prof., 6 cent.  3  »

—    même grandeur, dessus vitré...............  3  50

—    sur le fond et le couvercle, long., 25 cent. 1/4,

      larg., 19 cent. 1/2; profond., 9 cent. 1/2.....  3  25

Carton oval pour la poche, fond d'*Agavé*, long., 28 cent.,

      larg., 9............. .........................  1  25

Carton oval pour la poche, fond d'*Agavé*, long., 13 cent.,

      larg., 8......................................  »  90

Liéges épais, long de 25 cent. 1/2 sur 19 cent. 1/2, la douzaine  7  »

Liéges ordinaires, long de 32 cent. sur 11, la douzaine (1)....  3  »

Étiquettes format n° 1, 40 millim. sur 14, le mille....... .  2  50

—    —    2 35 millim. sur 12, le mille.........  2  »

—    —    3 30 millim. sur 10, le mille.........  1  50

—    pour titres au dos des cartons, le cent..........  2  »

Numéros séries de 1 à 500, la douzaine...................  »  60

Boîtes à herboriser de différentes grandeurs, avec et sans boîtes pour Chenilles ou Coléoptères.

———————

MM. les amateurs trouveront au même établissement un grand choix d'insectes indigènes et exotiques, nommés avec le plus grand soin, particulièrement les Coléptères et les Lépidoptères.

(1) On se charge de faire préparer des liéges pour fonds de boîtes ou cadres à insectes, de toutes les grandeurs.

Les personnes qui s'occupent d'Ornithologie et de Mammalogie, y trouveront également les objets qui s'y rapportent : Oiseaux et Mammifères d'Europe et des pays étrangers , Trousses de naturaliste préparateur, Préservatif, Yeux d'émail perfectionnés aux prix les plus réduits, etc.

M. Deyrolle dirige un atelier spécial de Taxidermie où le montage des animaux est exécuté avec toute la perfection désirable.

Il se charge de procurer, aux conditions les plus avantageuses, tous les livres d'Histoire naturelle et autres sciences ; outre les Collections zoologiques, celles pour l'étude de la Géologie et de la Minéralogie, et des Herbiers de plantes indigènes et exotiques.

PARIS. — TYPOGRAPHIE ET LITH. FÉLIX MALTESTE ET Cᵉ
Rue des Deux-Portes-Saint-Sauveur, 18.

www.ingramcontent.com/pod-product-compliance
Lightning Source LLC
Chambersburg PA
CBHW062026200326
41519CB00017B/4941